园林 景观设计 实例教程

Landscape Design Instance Tutorial

园林景观
手绘表现快题冲刺篇

Landscape Hand-painted Performance Fast Sprint Article

刘红丹 / 著

辽宁美术出版社

图书在版编目（ＣＩＰ）数据

园林景观手绘表现快题冲刺篇／刘红丹著．— 沈阳：
辽宁美术出版社，2017.3
园林景观设计实例教程
ISBN 978-7-5314-7566-8

Ⅰ．①园… Ⅱ．①刘… Ⅲ．①园林设计-景观设计-
绘画技法-高等学校-教材 Ⅳ．①TU986.2

中国版本图书馆CIP数据核字(2017)第038303号

出 版 者：辽宁美术出版社
地　　址：沈阳市和平区民族北街29号　邮编：110001
发 行 者：辽宁美术出版社
印 刷 者：沈阳市博益印刷有限公司
开　　本：889mm×1194mm　1/12
印　　张：8 $\frac{2}{3}$
字　　数：180千字
出版时间：2017年3月第1版
印刷时间：2017年3月第1次印刷
责任编辑：彭伟哲
装帧设计：王　楠
责任校对：郝　刚
ISBN 978-7-5314-7566-8
定　　价：65.00元

邮购部电话：024-83833008
E-mail:lnmscbs@163.com
http://www.lnmscbs.com
图书如有印装质量问题请与出版部联系调换
出版部电话：024-23835227

前言

园林景观快题设计作为一种能够快速有效地检验设计者综合能力的考查形式被广泛地应用于园林、景观专业等考试及入职考试中。园林景观快题设计一般要求设计者在3～6小时的时间内对一块特定场地进行合理规划、设计，并很好地将其用手绘的形式表现出来。在这短暂的时间内，设计者不能如平日设计方案时对资料进行查找、收集和反复地对方案进行斟酌、推敲，而只能凭借自身对设计知识的积累来进行场地分析、功能规划、平立面形式设计及效果表达。正因为园林景观快题设计具有如此特殊的要求，因此，设计者在进行快题设计前积累丰富的相关知识就尤为重要。

笔者从事相关快题教学多年，在不断与学生的交流和讨论中发现不同的学生总会出现类似的诸多问题。笔者对这些问题进行筛选和总结，并反馈到实际的教学中去，取得了较为理想的效果，现将这些经验进行梳理，与大家分享，希望能够帮助更多的有需要的读者。

本书通过考前准备、透视在实际案例中的应用、园林景观设计的基础要素等几个方面讲解园林景观快题设计的要点，辅以相关案例的分析和实战技法的说明，针对其常见的问题进行分析和解读，使读者能够充分理解和吸收知识并应用到实际的园林景观快题设计中去。

考前准备为读者提供了合理全面的考前方案，提前阅读，提前准备，更好应战。

透视在实际案例中的应用讲解了透视的基本问题，帮助读者更好地完成设计后鸟瞰图或效果图的绘制，避免为了应试而死记硬背不符合设计效果图的现象。

园林景观设计的基础要素从植物配置、地形、水系、铺装、园林小品等五个方面来详细讲解园林景观快题设计的问题，通过认真阅读这部分内容，读者可以掌握快题设计中真正有效的设计方法。

园林景观从构思到设计的具体应用实例提供了一些可以举一反三的快题设计技法，以解决设计中构图、形式等方面的问题。

案例赏析则集合了多年教学中教师和学生的优秀作品，供读者学习参考。

希望读者通过本书的学习可以提升自己的快题设计能力，取得优异的成绩。

刘红丹

2013年11月

「目录」

第一章　园林景观手绘表现快题设计的考前准备

第一节　工具准备

园林景观手绘表现快题设计考试之前的准备工作非常重要，绘图工具一定要准备齐全。

1. 马克笔

马克笔多选择学生常用的品牌，也可根据绘图习惯，选择笔尖宽大、画图速度快、墨水充足的笔（备注：学生一定要仔细地检查每一支马克笔笔尖是否断裂、水量是否充足等）。

2. 彩色铅笔

准备一盒水溶性的彩铅，如果在绘图过程中，有马克笔刻画不到的地方，可以用彩铅进行细致的刻画。

3. 手绘线稿用笔

准备 0.05mm、0.1mm、0.2mm、0.3mm、0.5mm、0.8mm的针管笔各2支。

4. 纸张

大多数院校考试会统一发放A2尺寸的绘图纸，也有学校要求用多张A3纸或硫酸纸等特殊用纸。如果可以纸张自备，尽量选择质量较好的马克纸。

5. 辅助工具类

比例尺、平行尺、曲线板、椭圆模板、圆模板、蛇形尺、直尺、三角板、圆规等常见的辅助绘图工具都应准备齐全（备注：准备大包面巾纸，绘图过程中会有很大作用。有的学校考试时间为6小时，其间可以去吃饭，但尽量准备充足的食物和水，这样可以争取更多的绘图时间）。

马克笔

彩色铅笔

针管笔

马克纸

比例尺

平行尺

曲线板

椭圆模板

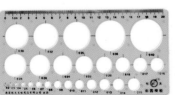
圆模板

蛇形尺

直尺

三角板

圆规

第二节 透视在实际案例中的应用

在园林景观快题表现中，"透视"是考生必须掌握的技能之一。只有把透视掌握好，才能更好地把效果图的空间感、尺度感很好地表达出来。快题中通常用到的透视类型有一点透视和两点透视两种，因此，我们根据考生的需要，按照平面反效果的形式着重讲解了一点透视和两点透视在实际当中的应用。

案例一：

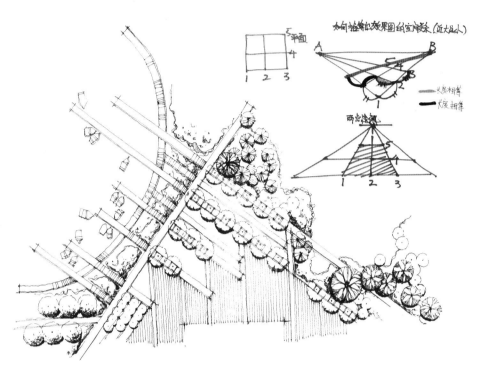

平面图线稿

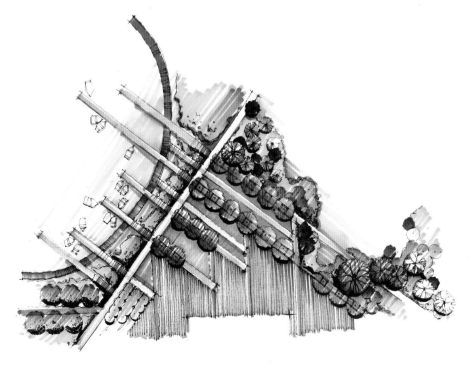

平面图着色

（1）一点透视

（2）两点透视

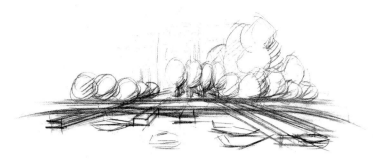

确定视点的位置以及选用的透视类型，将大的结构勾勒出来。

确定视点的位置，按照两点透视的规律及方法，用铅笔简单地将大的结构勾勒出来。

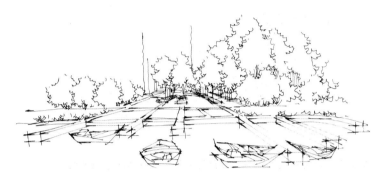

用水性笔将构想好的物体按照重点和明暗关系归纳并刻画出来。

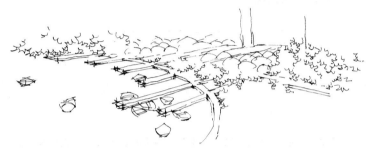

用水性笔勾勒出整体画面的线稿部分。

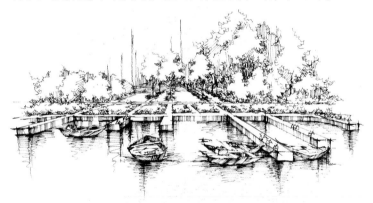

进一步刻画。

加强画面的黑、白、灰关系。

重新确定透视关系是否准确。

举例说明透视关系。

案例二：

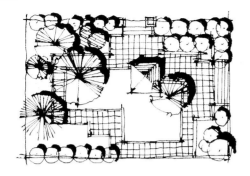

平面图

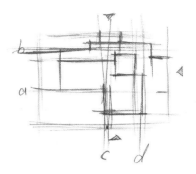

把平面图归纳总结出几条结构线。

（1）一点透视

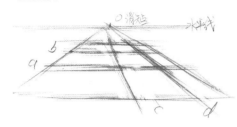

确定视平线及透视方式，找出需要刻画物体的具体位置，找出结构线。

（2）两点透视

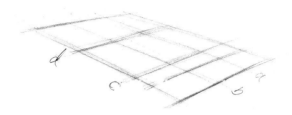

确定两点透视的视点，按照透视规律将大的结构线勾勒出来。

根据结构线，画出地面上的具体结构，给道路、构建物等定位。

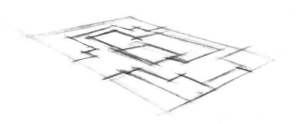

确定构建物的具体方位，按照透视规律将其准确地描绘出来。

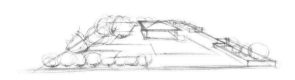

在地面上确定构建物高度，并刻画出植物。

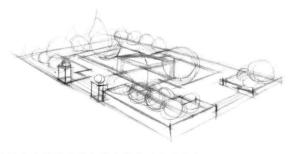

按照透视关系将平面图中所有物体的高度定出。

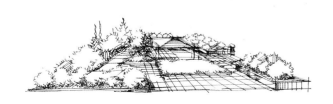

完成。

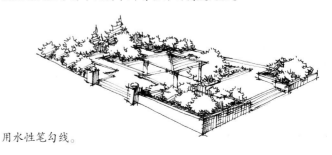

用水性笔勾线。

节点效果图

第二章 园林景观设计的基础要素

第一节 植物配置常见形式的分析与应用

本节内容把基本常见的植物配置种类及种植形式一一列举出来，方便归纳掌握。植物本身的特性不同，组合方式不一，而植物应如何运用到设计中，都有详述、有范例，可在类似情况下直接临摹运用。在设计的过程中，不仅要考虑满足功能的需要，还要符合审美及视觉。

1. 行道树的种植形式

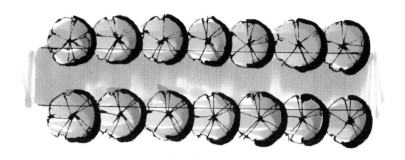

行道树
在道路两侧等距种植乔木和灌木搭配，构成行道树，产生律动感，强调了道路的结构线。

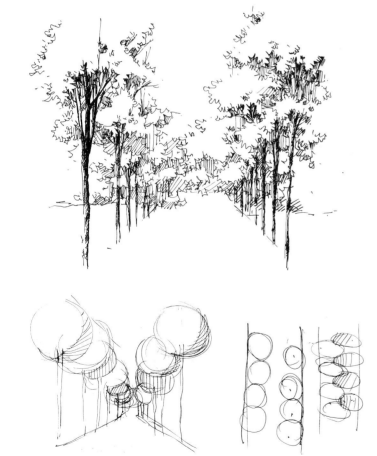

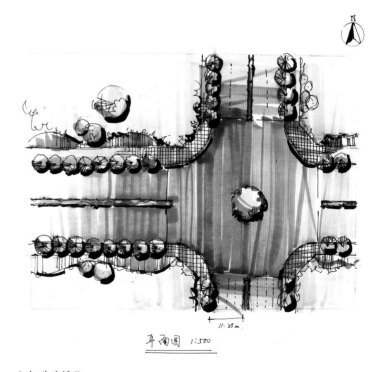

行道树透视
平面上的规整构图，在透视中给人视觉上一点透视的效果。

人行道路绿化
在人行道和车行道之间排列有规律的乔木，既形成安全屏障又保障了人行道的遮阴效果，而在人行道另一侧配以灌木组合与之呼应。

2. 坛植的种植形式

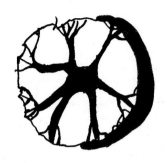

对于地块入口的行道树，既形成透景线起到遮阴的作用，又具有导向性。

孤植

孤植树木应注意其形态特征和固有结构，将树木的细节在画面中展示出来。

行道树的种植可以随着结构线的规整与不规整以穿插的方式进行种植。

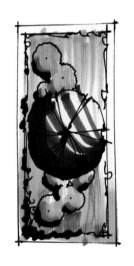

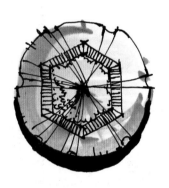

为了产生划分地块边界的作用，可以在行道树下种植较高的灌木带，形成阻隔和划分地块的作用。

道路无论是直线还是曲线，都应随着道路的结构线进行行道树及其之后的树木的种植。

坛植

常用各种草本花卉创造形形色色的花池、花坛、花境、花台、花箱等，多布置在公园、交叉路口、道路广场、主要建筑物之前和林荫大道、滨河绿地等风景视线集中处，起着装饰美化的作用。对活跃环境气氛，启迪人们的思想情感都有重要意义。

3. 丛植的种植形式

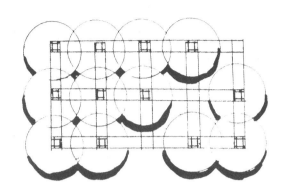

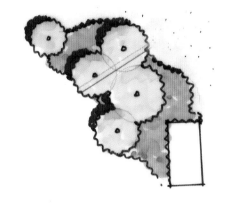

植物等距排成行列，植物之间投影的画法中树冠遮挡部分可不用画出。

种植的形式呈现规整式排列，同时强调和突出了地铺形式及周围环境结构。

由规整式向自然式过渡可以通过变化形式比较多的灌木进行过渡，乔木林缘线要随建筑物或构筑物的轮廓线进行种植。

将孤植树作为主景树，使之成为画面中场地构图的重心，再配以灌木花卉，搭配成有放有收的半围合空间。

有规整的建筑向曲线的道路等进行过渡时，可用植物随着结构线进行种植，以植物不规整的林缘线进行过渡，这样不显生硬。

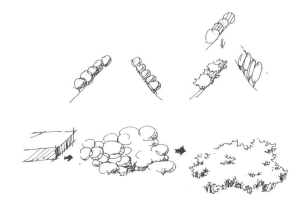

鸟瞰图树群、花群、大草坪的表现方法

一般草本植物的表现方法

对于针叶树种的效果图表现，近景时要表现得细致一些，每个叶片的叠加关系要表现细腻，中景时表现出大体形状和针叶及整体的黑白关系即可，远景树表现出大致的轮廓和树的前后关系。

4.林带的植物种植形式

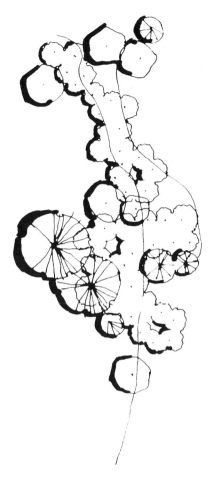

利用等高线勾出实体地块的高低变化与形态，再配以随地势地貌所加上的植物组合。

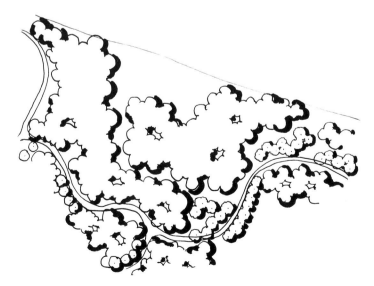

植物林带随地形结构线依次疏密有致变化地排列，将不同植物种类组合成一个整体的长带式组团。

5.灌木、花卉、地被植物的常见搭配形式

将同一单体植物之间轻微的重叠排列（占直径的1/3～1/4）形成视觉的统一，不同植物之间相互重叠加以混合。不同植物相互组合还需考虑植物间隙和林下高度，若忽略冠下空间而不搭配低矮灌木，则会形成很多的废空间。

第二节 地形的分析与应用

　　地形是一个场地的基本基底和骨架，首先需要考虑的是自然条件和环境的因素。本节列举了多种常见的地形，展示了如何在园林设计中应用，并阐述了在设计时使用的方法和技巧，以方便大家了解地形的种类、形式，在不同的环境中可以灵活运用。

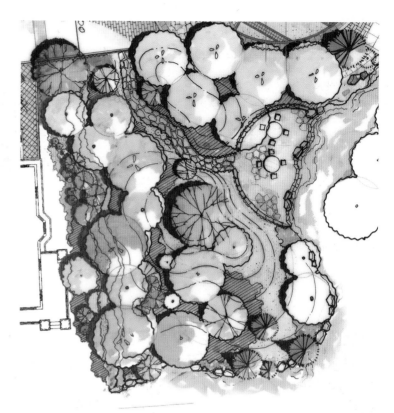

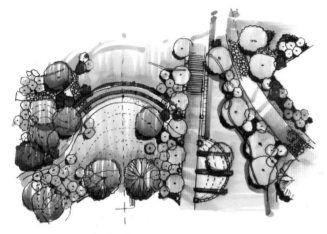

顺应自然地势，加以景观相结合的构思，形成地形与景观相协调，使之整体构图和谐。

自然式场地利用地形的创造可以形成开合有致、收放自如的空间，增加了自然情趣。

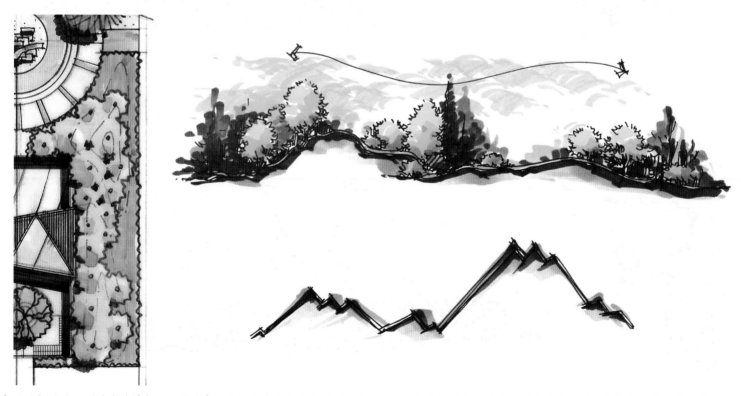

起伏流畅的地形创造出连绵起伏的律动感，给人以享受和轻松感。陡峭、崎岖的地形容易造成兴奋、厚重的感受，大多依托原有地势、地貌，做成有主题性的绿地公园等。

建筑外面用微地形处理的开阔草坪，既有开阔的视野，又不失乏味。

平坦地势可用植物来做高度变化，在开敞的草坪上，高大单株植物、景观小品等可作为视觉焦点。植物配置上应考虑落叶植物和常绿植物相结合。常绿植物在任何季节都可作为屏障。

高大树木可被用来做视线屏障和私密控制。在低矮灌木和树木草植的衬托下，高大树木形成构图的焦点。高大树木在垂直面封闭空间，但顶面视线开阔。

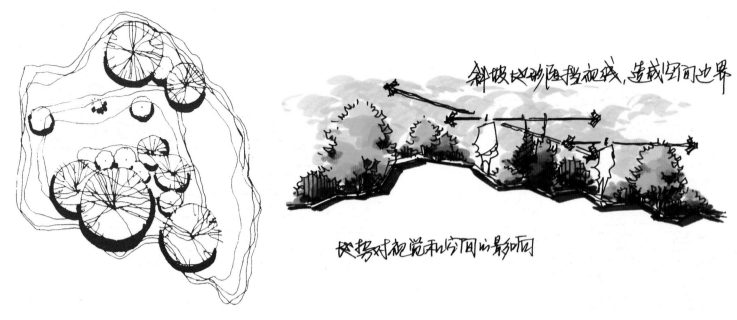

山脊的高地常常将整个区域分割成各个独立的空间和用地。

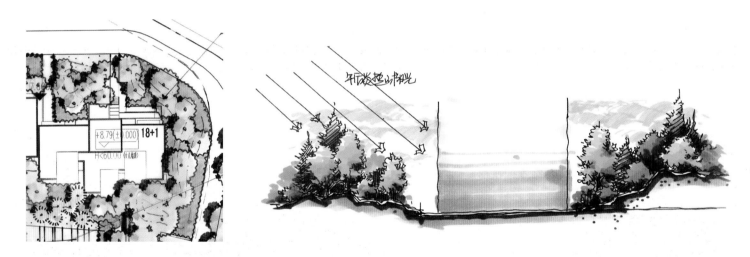

建筑周围的高差在竖向视觉上留下流畅的边缘线，如同舒缓的音乐，在半私密空间的包围下更显得惬意。建筑西面的树丛和宽大的挑檐能防止夕晒。

第三节　水系的分析与应用

在日常景观中，虽然对水的应用和处理方式不尽相同，但是水是有灵动性的，它在设计中是一个永恒的主题。根据现代造景手法，主要把水景分为自然式和规则式两部分来讲述，以便在实际情况中能够对应，成为可利用的好的素材。

1. 自然式（河流、湖泊、海岸等）

河流
河流两侧边缘线呈流畅的曲线形式，凹凸变化，弧度不一。两侧大体方向一致，构成一个平面，但线条不能完全重复，使河面有宽有窄，形成动静水，整体呈长条带状。

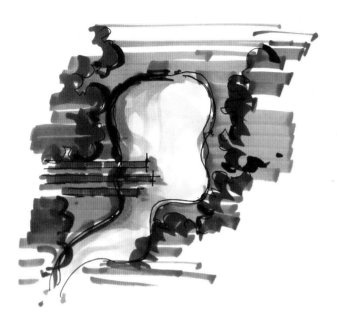

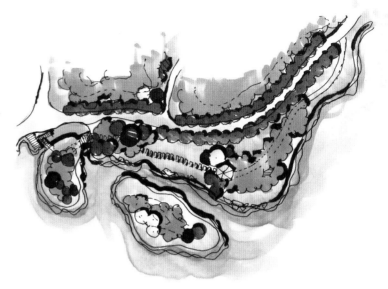

湖泊

湖泊平面形态，由大面积湖面水体到自然式细流过渡。在画面整体构图上不宜放置在中央。

自然式驳岸

自然式驳岸边缘线曲折流畅，迂回有致，整体轮廓随场地外形的大结构而进行变化，同时可增添岛屿与之呼应。

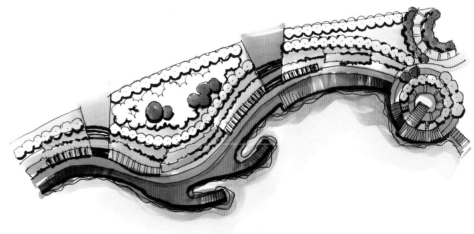

中国古典园林

水系呈现出古典园林之感，整体曲折有致，两侧可配以石材和植物，水系边缘线可画出多条，相互穿插交叠，表现出边界的复杂变化。

亲水平台

在驳岸处设置亲水平台可丰富构图的内容，使水景处增加一个景观点或者形成一片景观带，同时增添了水系处的色彩感。

2．规则式（泳池、喷泉、跌水等）

规则式驳岸边界呈几何形体，或直线拼接或弧形相连，水系上色随大体结构方向走，两者相互衬托。

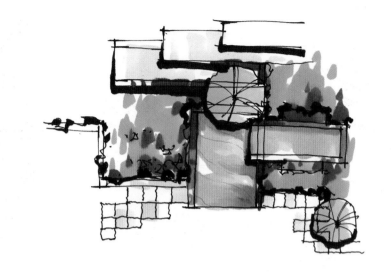

硬质水景

在硬质铺装规整式结构边缘上设置水景，颜色从边界由深到浅向另一侧过渡。线条也呼应色彩轻重，使疏密依次变化。

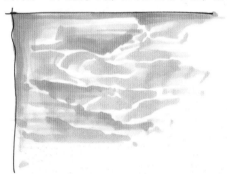

泳池

泳池中的水为静态水，微微漾起波纹。在画面中可适当留白，表现出波光粼粼的状态。

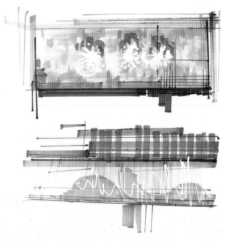

喷泉

平面形态喷泉将水柱用白漆笔表现出来，可向四周呈散射状，在水柱周围将溅起的水花用马克笔进一步表现出来，其余水体可向边界过渡。

浅水池

先将水体用浅色系表现出来，然后可将地面硬质铺装图案用深一色系画出，丰富画面的构图。

跌水

在平面设计上，跌水体块及拼接方式大小有所变化，丰富构图，植物与跌水相呼应，构成一个较好的园林跌水景观效果图。

亲水平台

亲水平台抓住了整体构图的重心，外加铺装的环境可以强调结构，使之与水系相结合。这也是较好的亲水景观效果图。

第四节　园林景观常用铺装材质的设计与应用

铺装是给场地穿上华丽的外衣，它可以美化环境，构成统一性，还可以在平面上利用铺装的形式强调设计的主要结构，强化中心构图。本节把主要铺装形式单独列举，加以实际应用铺装的场景，通过较好的应用，可以丰富整体画面。

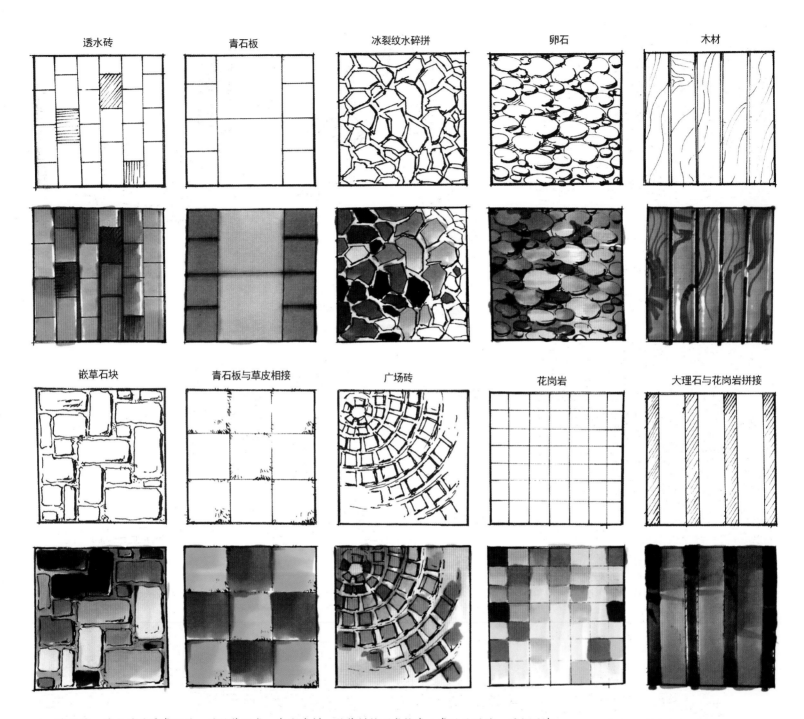

1. 透水砖：透水砖是最常用的一种铺装形式，色彩多样，铺装拼接形式较多，常用于园路、居住区中。
2. 青石板：颜色偏灰色系，铺装形式简洁大方，主要用于公园、绿地等场地中。
3. 冰裂纹碎拼：拼接碎石大小搭配，构成自然，颜色主要偏暖，色系丰富，多用于小庭园和园路中。
4. 卵石：卵石结构偏自然式，颜色丰富，主要用于园路以及铺装结构细化、拼凑图案等。
5. 木材：多用于滨水景观带当作木平台，以及林下空间构成木栈道，形式结构多样，可灵活运用。
6. 嵌草石块：在自然式地段使用，保证人们在草地上的通行，石块拼接大小变化，方向不一，草地嵌在缝隙中。
7. 青石板与草皮相接：可以用作硬质铺装向自然式的过渡，青石板和草皮按地块有规律相互穿插、依次排列。
8. 广场砖：广场砖体块较小，颜色丰富，可用于圆形广场地块的拼接。
9. 花岗岩：是广场大面积铺装最常用的一种规整式铺装形式，它可以强化广场空间的特色，体块面积较大。
10. 大理石与花岗岩拼接：多用于广场铺装，呈长条状，强调地块的总体走向，达到整体统一。

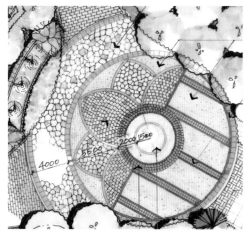

多种铺装材质的混合运用，形状拼接多样，一般用于小区主入口、公园的集散广场以及比较重要的地方。

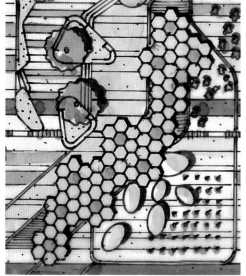

在出现较多形状景观小品时，铺装材质虽然不同，为体现整体性，采取统一方向纹路进行铺装的设计

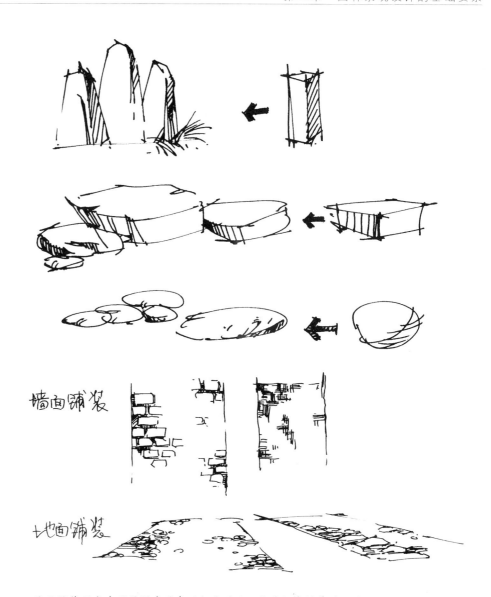

墙面铺装

地面铺装

平面铺装形式在效果图中的表现与应用及一点透视中铺装的画法，注意不能全部画出，注意疏密变化及适当留白。

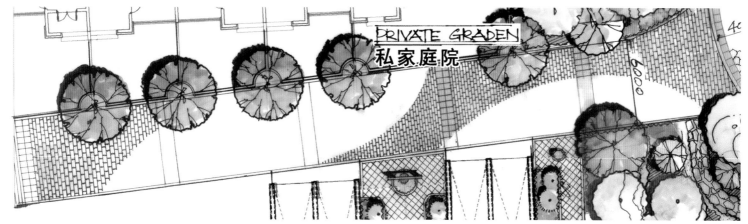

PRIVATE GRADEN
私家庭院

私家庭院
铺装形式基本一致，没有大而多的变化，主要与整体环境相匹配，形状、颜色、质地都要与所处的环境协调一致。

第五节　园林景观小品的设计与实际应用

　　景观小品是园林景观中画龙点睛之笔，好的景观小品往往会成为景观中的亮点，给人以深刻的印象。

　　景观小品如景墙、景观亭、廊架、喷泉，在园林中应用较为广泛，其应满足功能性与景观性相结合，并结合地形增加竖向变化。景观性体现在景观小品因地制宜，与周围环境相协调，在色彩、材质的选择上要与周围环境融为一体，要有观赏性。功能性体现在景观小品要满足人使用的需求，应注重尺度感与人的使用习惯，注意景观小品在园林景观中的位置，使其易于被使用者接受。

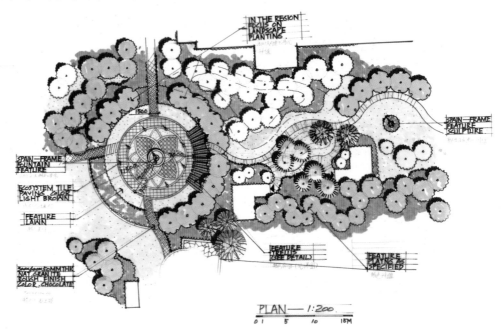

作者：周晓健　圆环通过铺装材质色彩、图案的变化，形成丰富的活动空间，廊架形成半围合空间，周边交通线形富于变化。

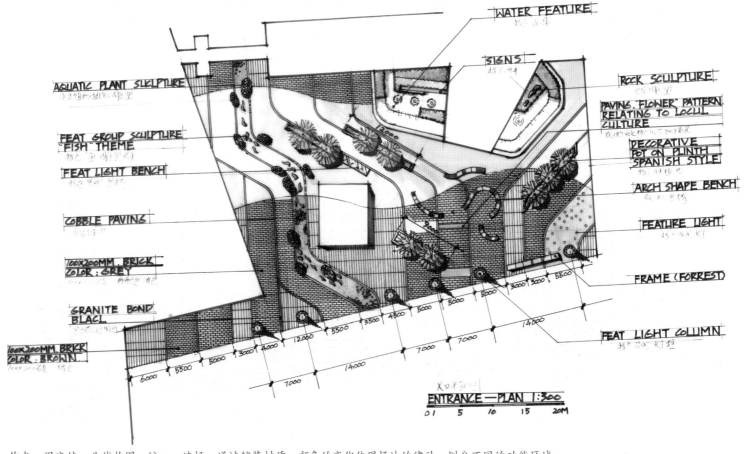

作者：周晓健　曲线构图，统一、流畅，通过铺装材质、颜色的变化体现场地的律动，划分不同的功能区域。

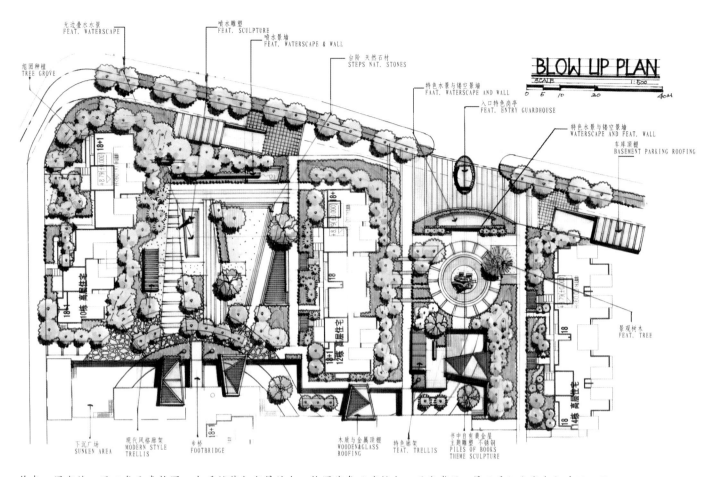

组团种植
TREE GROVE

无边畏水水景
FEAT. WATERSCAPE

喷水雕塑
FEAT. SCULPTURE

喷水景墙
FEAT. WATERSCAPE & WALL

台阶 天然石材
STEPS NAT. STONES

特色水景与镂空景墙
FAAT. WATERSCAPE AND WALL

入口特色岗亭
FEAT. ENTRY GUARDHOUSE

特色水景与镂空景墙
WATERSCAPE AND FEAT. WALL

车库顶棚
BASEMENT PARKING ROOFING

BLOW UP PLAN
SCALE 1:500
0 5 10 20 40M

景观树木
FEAT. TREE

下沉广场
SUNKEN AREA

现代风格廊架
MODERN STYLE TRELLIS

步桥
FOOTBRIDGE

木质与金属顶棚
WOODEN&GLASS ROOFING

特色廊架
FEAT. TRELLIS

书中自有黄金屋
主题雕塑 不锈钢
PILES OF BOOKS
THEME SCULPTURE

作者：周晓健　用三角元素构图，木质铺装与水景结合，构图线条尺度较大，现代感强，景观看似分散却拥有统一性。

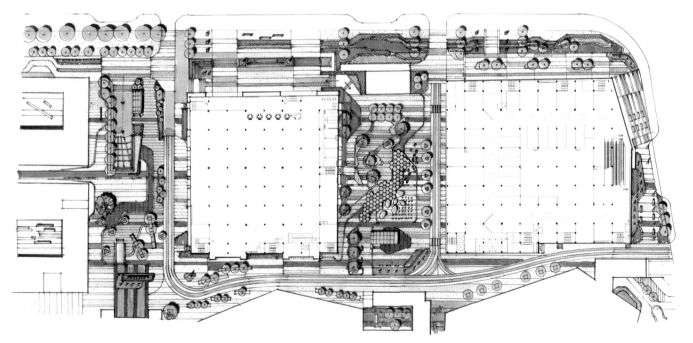

作者：盖城宇　商业或会议中心，室外设计运用大尺度线条，铺装色彩明快，植物配置跟随线形。

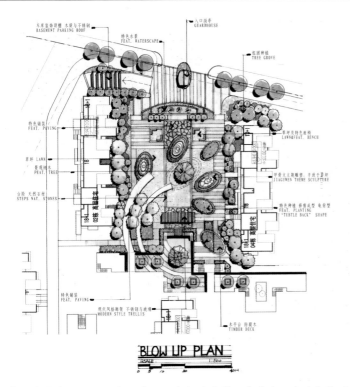

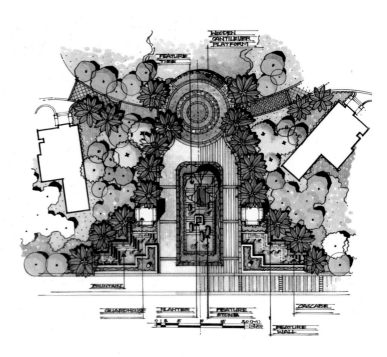

作者：盖城宇　居住区中心景观，中轴对称景观为基底，为避免构图死板单一，椭圆形特色种植区为空间增加活泼的气氛，弧形条石增加竖向变化，与植物形成趣味空间，营造视觉焦点。

作者：盖城宇　可作为小区主入口景观，中轴对称的手法较常见，局部可做一些小的变化，避免单调，如主入口左右两边装图案形式发生变化，矩形水池分隔道路，连接中心圆形广场，构图大气且稳定，常绿行道树满足功能的需求，搭配色叶树种满足景观的需求。

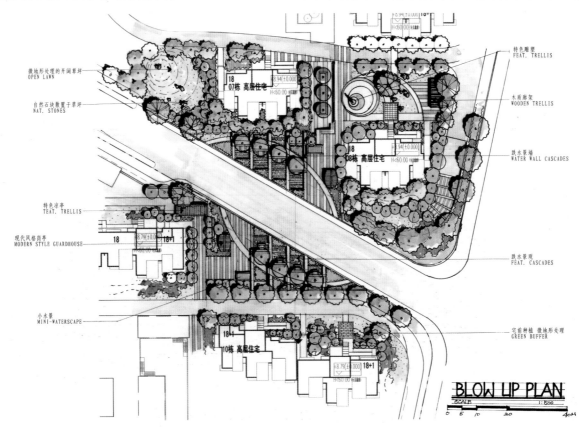

作者：盖城宇　居住组团级道路将场地分隔，但仍可以用构图的方法解决，弧线所围合的两块场地相呼应，植物配置统一当中有节奏的变化。

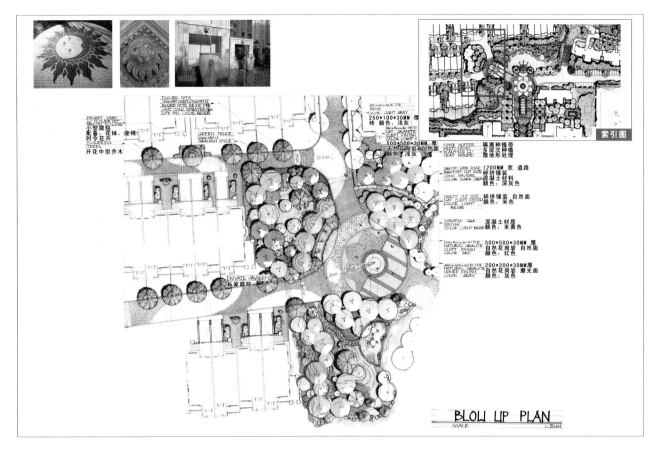

作者：盖城宇
以圆环为元素，通过铺装的变化与组合，使硬质场地富于变化，植物作为软质景观，可丰富整个平面的内容，注意冠幅的比例大小、植物层次感的展现。

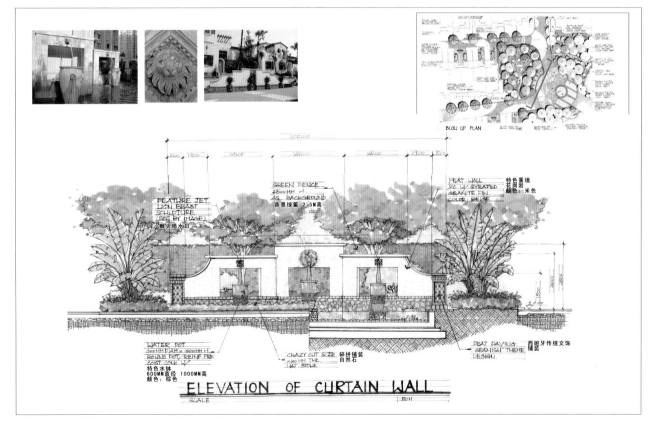

作者：盖城宇
景墙设计在竖向和平面上避免单一化，景墙同时具有框景作用，注意处理景墙与背景植物的搭配，在色彩、高度、大小上要协调。

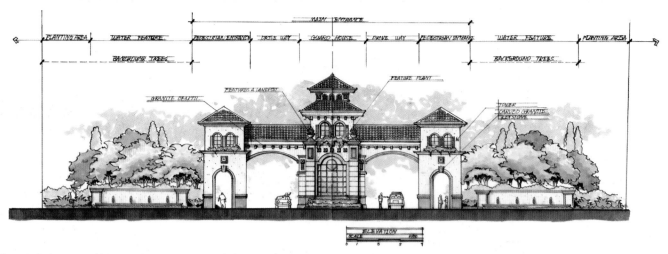

作者：盖城宇　图为中式与欧式结合的塔楼，中式木质贴面塔顶与欧式墙面中西结合，中轴对称，稳重大气。

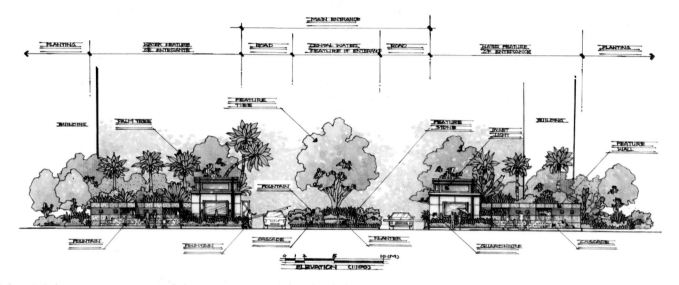

作者：盖城宇　居住区大门设计，景墙与门厅结合，软质景观作为背景。

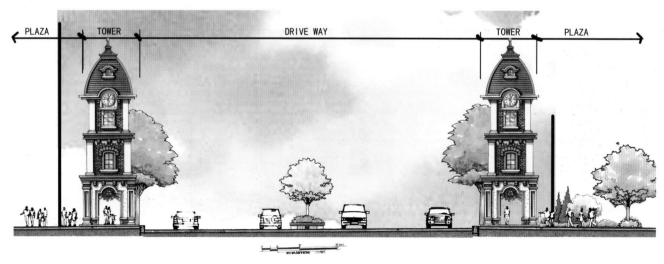

作者：盖城宇　小区入口可设计为对称的欧式塔楼，注意立面的装饰设计以及拱顶的设计。

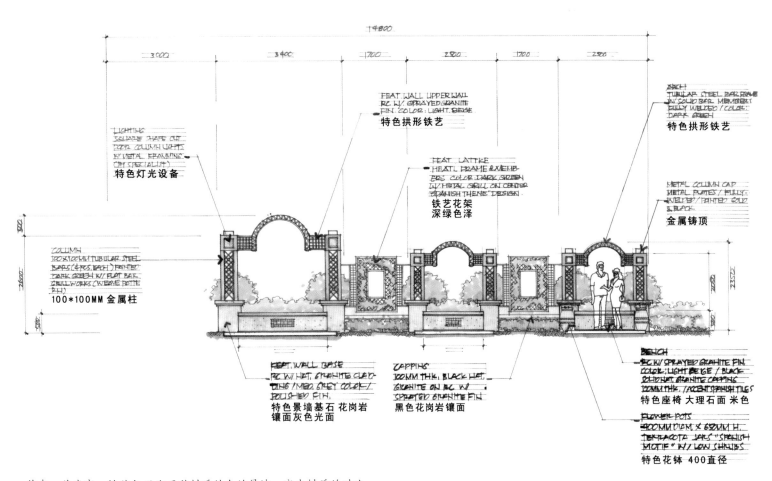

作者：盖城宇　铁艺与石砌两种材质结合的景墙，突出材质的对比。

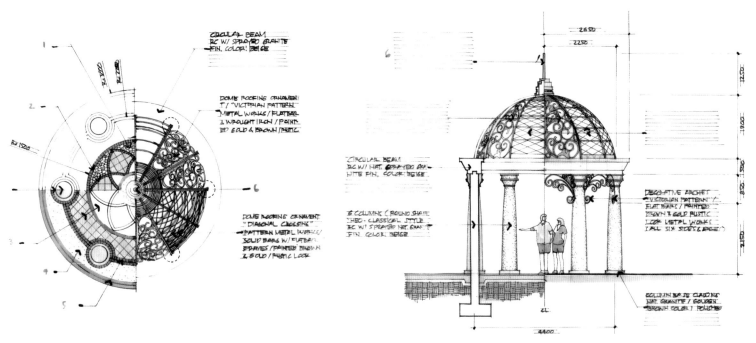

作者：盖城宇　欧式拱顶亭，多用于居住区景观设计，拱顶平面形式感较强，剖面注意理解构造形式，包括基础部分、梁、柱。

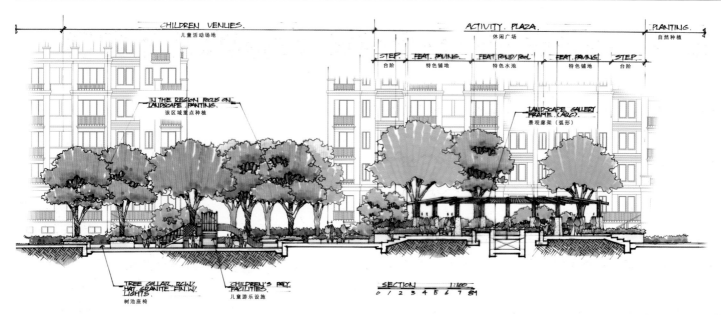

作者：周晓健　地形变化分隔不同空间，儿童游乐区域与中心活动区域。背景植物层次丰富，主张多层次种植。

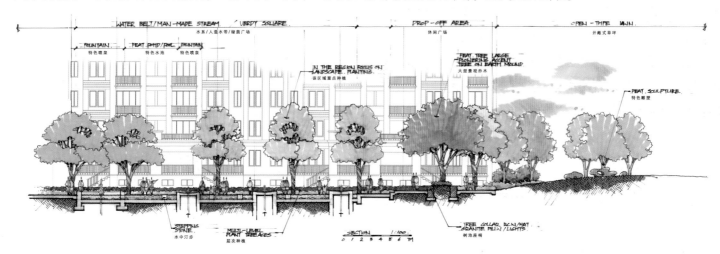

作者：周晓健　喷泉与水池结合，动静结合，植物竖向变化丰富。

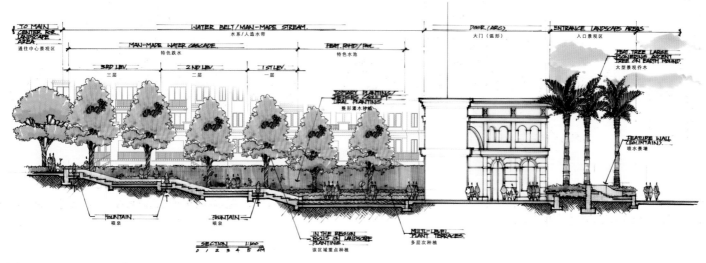

作者：周晓健　台地式景观道路剖面，通过不断上升的台阶增加竖向变化。

第三章　园林景观从构思到设计的具体应用实例

　　景观设计需要经过一个从概念构思到具体形式表现的过程，这个过程需要一定的逻辑性和对图形结构的掌握。同时，这也是景观设计者所必备的能力和素养。本章将概念表述与实例相结合，介绍如何将平面的概念向实际的景观形式转化——通过一些简单的几何形体之间的平面组合加以转换，成为很好的景观设计形式。仔细学习本章的内容后，大家可以进行举一反三的练习，试着用更多的组合手法以及更多的景观表现形式。

　　将平面图的概念转化为实际的景观形式是景观设计者必须具备的能力和素养。其实，同一种平面的设计图可以解读为多种三维空间实际景观。如图：大小不一的圆形之间疏密不同的组合可以是植物景观、石景组合，甚至是有趣的园林小品。具体应用的形式要根据场地条件和需要进行变换，同时，设计者应发散自己的思维，锻炼自己解读平面概念的能力。

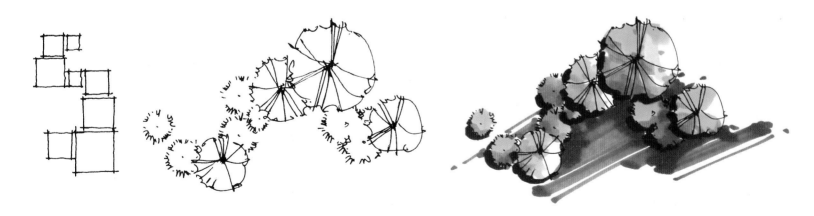

平行组合：通过一些大小不同的正方形的平行组合，可以形成一种模板，进行举一反三，如图为模板在植物配置上的应用。需要注意的是，在进行正方形的组合时要体现韵律感，不要过于均匀。

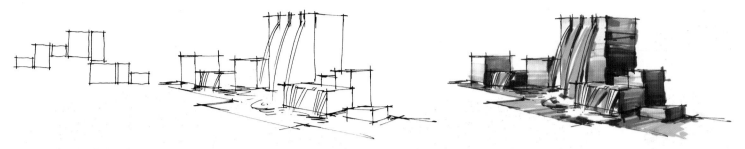

不同矩形的平行排列：形状不一的矩形互相平行进行排列，可以营造一种有节奏感的景观。

散布组合：形体之间散布排列可以制造自然活泼的景观形式。

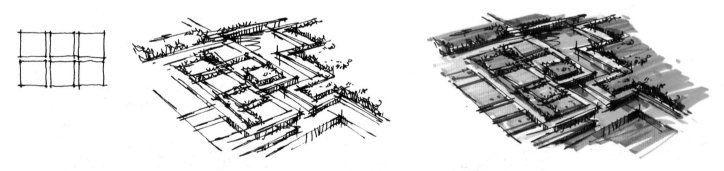

阵列排列：形体之间进行规则式的阵列排列可以使景观构图更加规整，在材质上加以变化就能够形成活泼又不失规则的构图。

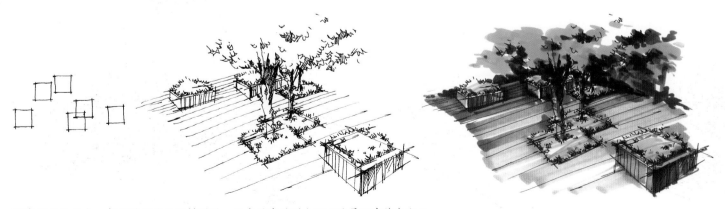

疏密变化的组合：相同的形体之间排列时，注意疏密的划分可以使景观有节奏变化。

旋转组合：正方形按照一个圆心进行旋转组合，这样的组合方式可以巧妙地融合方形与圆形。

　　将形体组合方式进行适当的变化，用不规则多边形来替代正方形进行平行的排列，再将不同形体间相邻的边擦除，就可以形成一个大的不规则图形，通过这样的方法组合出的空间与直接徒手画出的多边形相比，边与边之间的比例更协调，形状更美观。

在实际应用中，应掌握图形概念到实际形式之间的变化，如五边形之间平行排列可以作为汀步的排列形式，五边形通过叠加组合可以形成不规则多边形的平台、栈道的形式。日常练习中，可以对同一种组合进行多种变换，开阔思维。

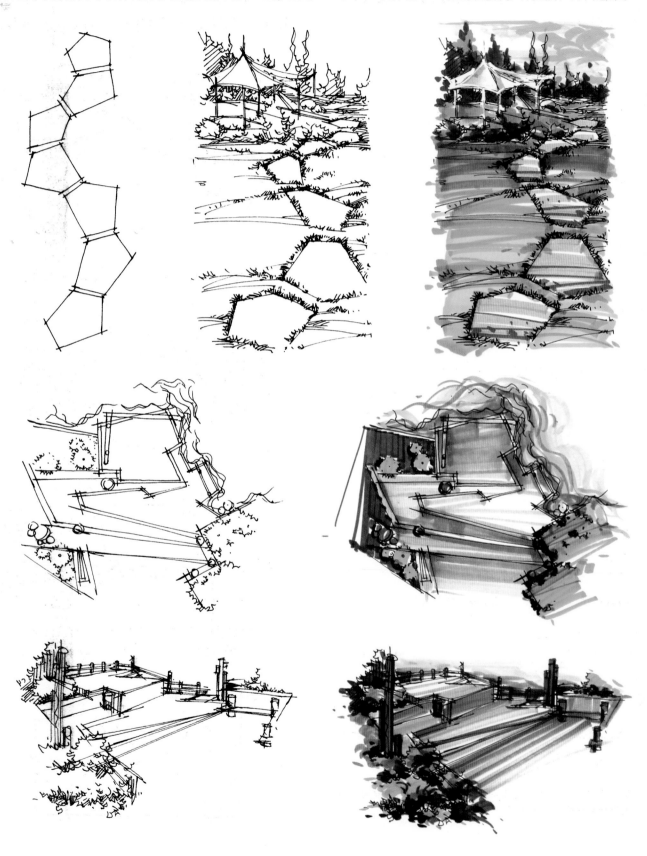

1．不规则的多边形的图案

不规则直线形，长度和方向带有明显的随机性、自然性，有别于一般的几何形体。

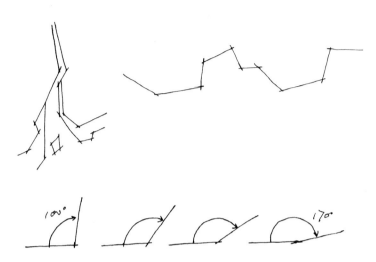

使用角度在100°～170°之间的钝角。

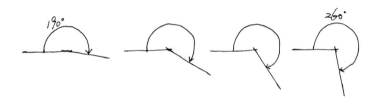

使用角度在190°～260°之间的优角。

避免过多地使用同直角或直线相差不超过10°的角度。

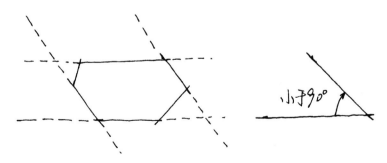

避免过多地使用平行线。避免在设计中使用锐角。锐角将会使施工难以实施，人流踏行草坪或一些空间使用受限，不利于养护。

2．自由的椭圆形和扇贝形的图案

（1）相离的自然椭圆形组合

这种自由相离的形式很适合作为步行道的设计流线。

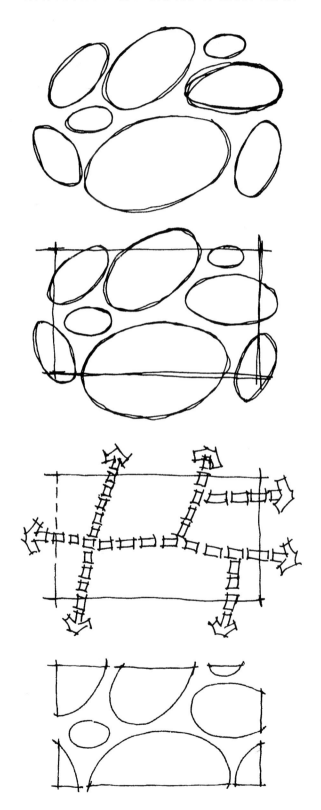

（2）相切的自然椭圆形组合

（3）相交的自然椭圆形组合

取其外缘可得到一个凸出的图形，连接外形的内边缘可得到一个尖锐的扇贝形图案。

取椭圆外边缘线，与内边缘线组合成的图形具有不同特征。

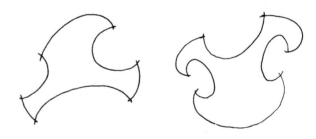

把相交的椭圆取不同位置的边缘线可以组成更具变化和趣味性的图形。

推导出像树叶的尖锐外形，这种外形可作为景观材料应用于园林中。

外缘和内缘相结合，推出树叶的光滑形状，可应用于园林中的景观材料。

取其特点可组合成更富有变化的图形。

（4）椭圆形组合应用实例

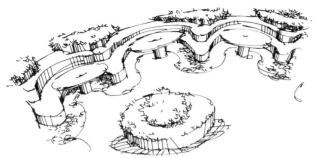

取椭圆外缘，设计休息区。

自然的椭圆形状相离组合，椭圆之间的间隙设计园路。

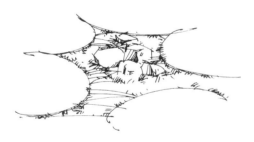

相切的椭圆，取其内缘形成形状，设计为平台间的绿地。

同心圆的组合，可以设计成较为密闭的空间。

第四章　案例欣赏

景观快题考试要求在一定时间内完成一个完整地块的规划方案和图纸表达，是对考生基本知识和各方面能力的一个全面考查。本章介绍园林规划快题考试对考生在知识、能力和应试方面的基本要求。

对考生的能力要求：

1. 观念知识：考生应具备对园林景观的科学认识，了解园林景观发展的基本规律，明确园林设计在经济、社会、文化、生态等方面的价值取向。

2. 规划知识：考生应掌握园林景观规划的一般方法和技术路线，熟悉不同区域、不同环境类型用地布局的特点和相互关系，熟悉空间布局方式、结构和形态等。

3. 园林景观设计基础知识：对快题考试而言，园林景观基础知识指居住区、城市重点地段和各类园区的用地组织、空间布局等技术知识及相关的法律法规、技术规程等规范知识。

4. 建筑知识：考生应熟悉快题中所涉及的各类建筑，掌握这些建筑物的平面、立面、空间组织和布局要求等规划内容。一般情况下，园林景观快题的建筑类型主要包括园区服务建筑、娱乐配套等小型建筑、园林小品、小型会展中心等。一般园林建筑规模不大。

5. 外部环境知识：主要包括地形、地貌、绿化、水体等背景要素，道路、广场、庭园、绿化、水体、停车场、运动场等设计要素。

第一节　新快题设计内容及流程

时间安排：

考研快题考试时间多为180分钟，整场时间安排紧凑，需全神贯注进行作图，科学合理地安排时间在考试中发挥着重要的作用。以下是根据历届高分考生的考试经验总结并推荐给大家使用的时间安排。

1. 15分钟用来构思。

2. 15分钟进行草图设计。

3. 60分钟完成平面图绘制（得分重点）。

4. 30分钟完成效果图。

5. 25分钟完成立面剖面图。

6. 15分钟进行文字的书写。

7. 20分钟进行复查（很多考生忽略了这个环节，无数考生已用事实证明了这部分的重要性）。

考题分析：

审题是决定考试成功的重要一步，如同大船的船舵，方向的正确与否从本质上决定了力气有没有使对方向，所以考生要做的第一步是仔细阅读题目和要求，在了解题目、要求、比例以后，注意以下几个方面：

1. 对场地周边环境进行综合考虑。举例说明：如场地要求考生设计一个公园，周边一侧有一所小学，那设计的时候就要注意，在靠学校一侧设置植被进行遮挡，将噪声和学生活动进行隔离。

2. 对场地原有特征进行保留。景观设计的主旨是通过后期的设计提升场地的使用价值，因此，毫无疑问，充分地利用原场地的所有物进行改造，能够展示场地原有属性并且节省造价，是景观设计中常用的手法。

3. 植物搭配。在设计中，植物的搭配一直是极为重要的一环。首先是由于其占地面积大；其次，植物造景是一种常用的景观手法，通过植物的搭配营造出前景、中景、后景的层次感，并且可独立成景，这也是考试中的重要考点。

明确任务：

确定任务的主要内容→分析周边环境（所在地气候、风向、用地性质）→确定设计内容的功能性→确定设计的具体量（硬质铺装面积、绿地率、建筑物占地面积）。

结构规划：

1. 外部联系：确定规划用地与周边的环境关系，根据功能要求明确设计风格，根据具体风格规划整体结构。

2. 内部联系：分析规划区域内的用地特征和内容组成，确定主要的功能区和相互必然的联系，建立整体的空间结构，做到布局合理，结构清晰，特征突出。

具体设计：

1. 交通规划：根据规划用地要求以及方案构思，拟定所需各级道路的布局、走向、宽度。要求：合理安排出入口的具体位置，充分考虑步行系统。

2. 结构规划：根据设计要求，确定整体的结构关系。例如道路的结构、建筑物、构造物、小品等具体形态和竖向结构。

3. 绿化设计：按照规划需要，进行植物配置，包括地被、隔离带、乔灌木等。确定绿地的规模、布局位置和形式。

注意事项：

1. 审题时务必不要落题，做到各个击中，抓住考点，有的放矢。

2. 构思阶段要做到：设计主题突出，设计风格统一。

设计说明写作注意事项：

1. 生态价值。

2. 功能分布。

3. 材料考虑。

平面布局注意事项：

图纸内容主要由以下部分组成：

1. 标题（快题设计）。

2. 平面图。

3. 立面图。

4. 剖面图。

5. 设计说明。

6. 局部效果图或鸟瞰图。

在安排上述内容时注意以下几点：

1. 点、线、面结合。

2. 直线、曲线穿插利用。

3. 色彩的冷暖应用。

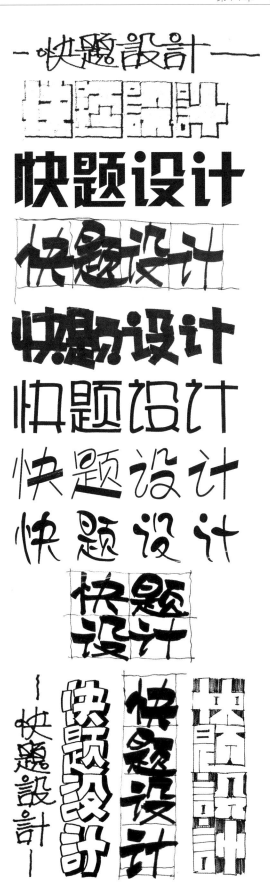

参考版式:

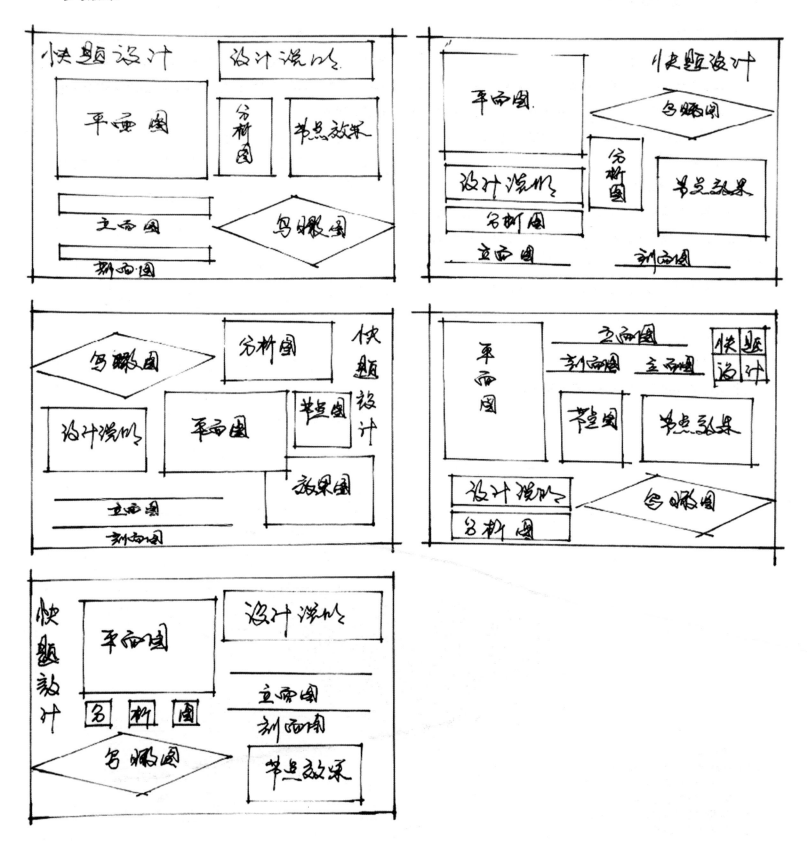

第二节　案例解析

1. 公园设计

（1）区位与用地现状

公园位于北京西北部的某县城中，北为南环路，南为太平路，东为塔院路，面积为3.3km²。用地东、南、西三侧均为居民区，北侧隔南环路为居民区和商业建筑，用地比较平坦，基本上没有植物。

（2）设计内容及要求

公园要成为周围居民休息、活动、交往、赏景的场所。是开放性公园，所以不用建造围墙和售票处等设施。在南环路、太平路和塔院路上可设多个出入口，并布置总数为20～25个轿车车位的停车场，公园中要建造一栋一层的游客中心建筑，建筑面积为300m²左右，功能为小卖部、茶室、活动室、管理处、厕所等，其他设施由设计者决定。

（3）图纸要求

提交两张A3图纸，图中方格网为30mm×30mm。

①总平面图1:1000（表现方式不限，要反映竖向变化。所有建筑只画屋顶平面，植物只表达乔木、灌木、草地、针叶、阔叶、常绿、落叶等植物类型，有500字以内的表达设计意图的设计说明书）。

②鸟瞰图（表达形式不限）。

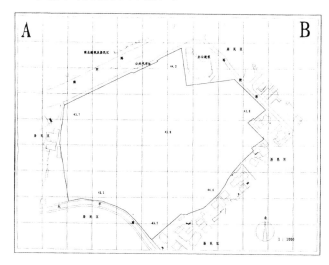

居住区公园现状图

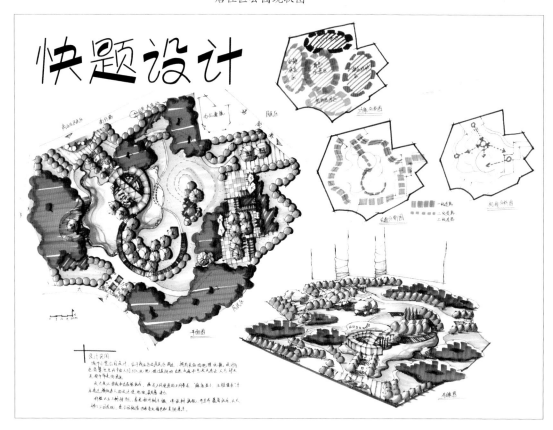

作者：李昱霖

优点：功能分区明确，空间开合变化适当，水体变化丰富，形式多样，园路主次清晰，铺装形式多变。

缺点：植物配置形式呆板，应增强植物与人群之间的联系。

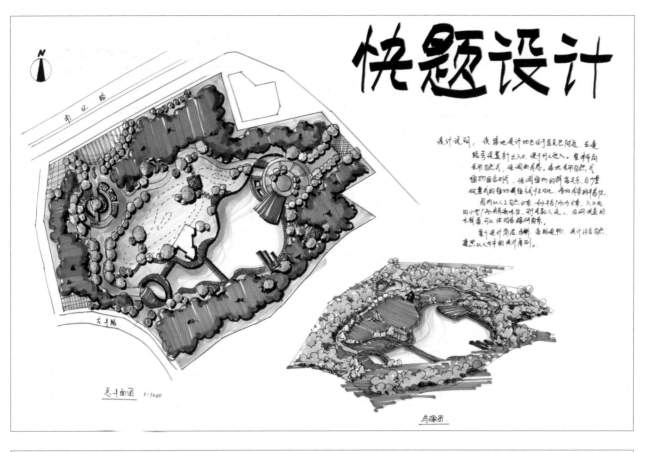

作者：彭乐元
优点：方案构图清晰，地块处理手法大气，交通系统清晰流畅。空间开合有致，画面色彩协调统一。
缺点：缺少主要的开敞硬质空间，道路和铺装形式单一，园区缺乏次要道路。植物表现形式不够优美，单体树较少且与树丛组合较少。运用的景观元素不够丰富。

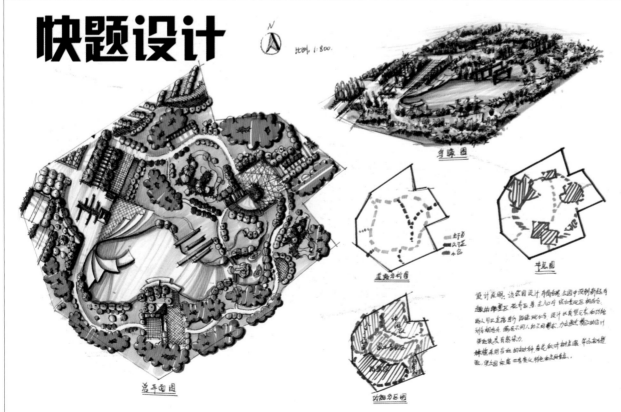

作者：陈星
优点：设计手法独特，构思大胆，充分利用了多种景观元素进行造景，且整体性强。植物配置疏密得当，组合群落形式丰富。
缺点：在绘画表现方面再精细些就更加完整了。

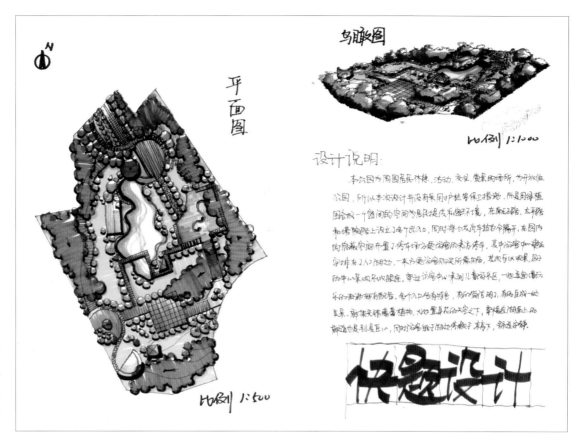

作者：王稼君

优点：画面色彩明暗对比强烈，设计景观轴线突出，游览路线明确。

缺点：入口处开放空间面积较小，不足以满足人群集散需要，园区内硬质铺装面积相对较大且形式单一，小品应用较少，没有为游人设置多样的观景节点。

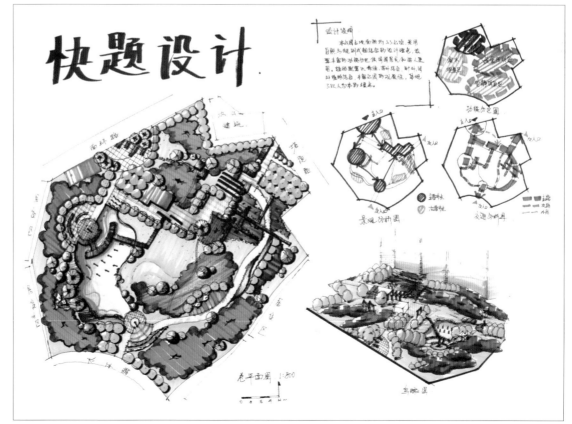

作者：李金婷

优点：布局结构清晰，空间组合形式多样，构图均衡，画面整体统一，道路流线顺畅。

缺点：水系的处理与周围环境不够协调，没有充分利用景观元素进行造景，植物表达略死板，缺乏自然美。

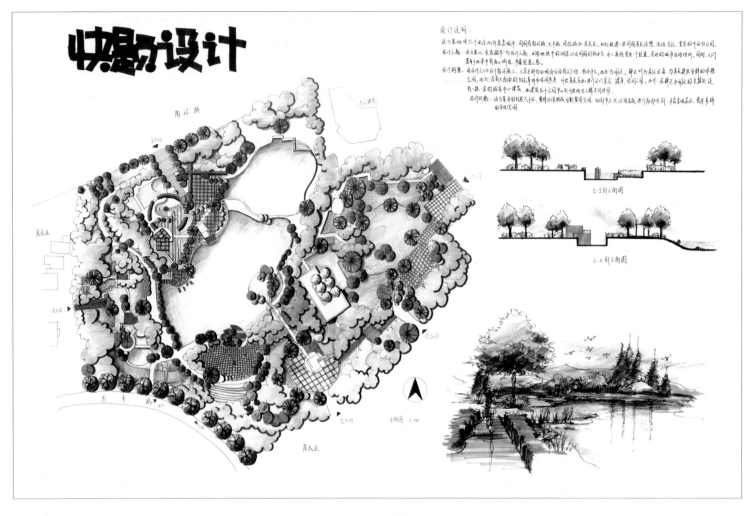

作者：王梦茜

优点：本方案自然式和规则式构图相结合，轴线清晰，画面整体统一，充分利用水元素进行造景，水体变化丰富，形式多样，形成了开合虚实对比，主次节点对比鲜明且细节刻画深入。

缺点：水体面积过大，绿地面积不足，陆地空间分割过于细小琐碎，给人凌乱感，缺乏重点。

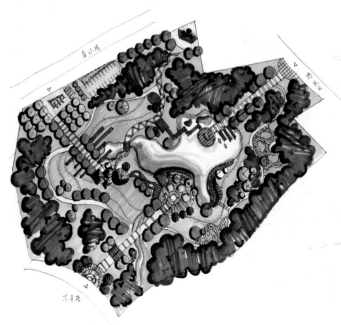

作者：胡中慧

优点：与周边环境相融合，符合环境要求方案，轴线清晰，构图均衡，画面整体统一。

缺点：主要节点缺乏凝聚力，交通流线需进一步加强，功能的连续性不够，植物配置形式单一。

2．小型公园设计

（1）项目简介

某城市小型公园——翠湖公园位于120m×86m的长方形地块上，占地面积10320m²，其东西两侧分别为居住区——翠湖小区A区和B区，A、B两区各有栅栏墙围合，但A、B两区各有一个行人出入口与公园相通。该园南临翠湖，北依人民路并与商业区隔街相望。该公园现状为平地，其标高为47.0m，人民路路面标高为46.6m，翠湖常年水位标高46.0m（详见附图）。

（2）设计目标

将翠湖公园设计成结合中国传统园林地形处理手法的、现代风格的开放性公园。

（3）公园主要内容及要求

现代风格小卖部1个（18～20m²），露天茶座1个（60～70m²），喷泉水池1个（30～60m²），雕塑1～2个，厕所1个（16～20m²），休憩广场2～3个（总面积300～500m²），主路宽4m，次路宽2m，小径宽0.8～1m，园林植物选择考生所在地常用种类。此外，公园北部应设200～250m²自行车停车场

（注：该公园南北侧不设围墙，也不设园门）。

（4）图纸内容

①分析图1：500（占总分15％）。

②平面图1：200（图幅大小为1号图，占总分45％）。

③鸟瞰图（图幅大小为1号图，占总分30％）。

④设计要点说明（300～500字），并附主要植物中文名录（占总分10％）。

附图1：2000

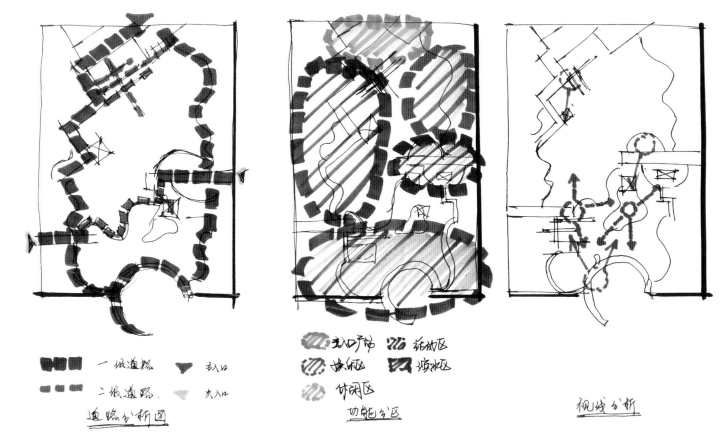

道路分析图　　功能分区　　视线分析

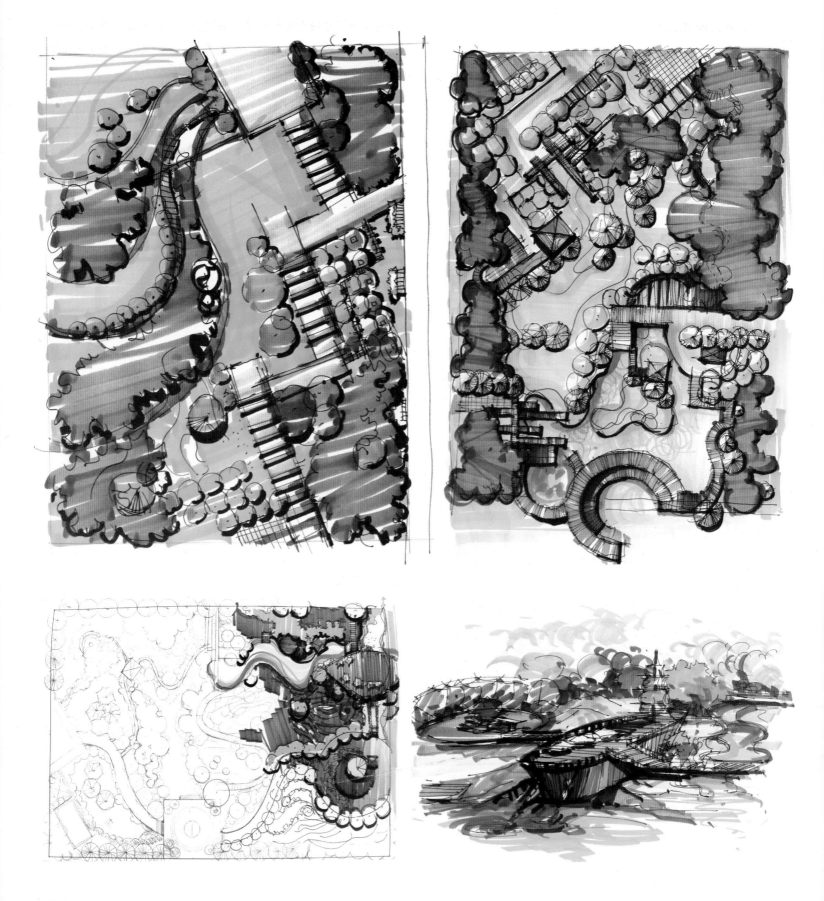

3．湖滨公园设计

（1）区位与用地现状

华北地区某城市中心有一面积开阔的湖面，周围环境以湖滨绿带为主。整个区域视线开阔，景观优美。近期拟对其湖滨公园的核心区进行改造规划，该区位于湖面的南部，范围如图所示，面积约6.8km²。核心区南临城市主干道，东、西两侧与其他滨湖绿带相连，游人可沿道路进入，西南端接主出入口，为现代建筑，不需改造。主出入口西侧（在给定图之外）与公交车站和公园停车场相邻，是游人主要来向。用地内部地形有一定变化（如图），一条为湖体补水的引水渠自南部穿过，为湖体常年补水，渠北有两栋古建筑需要保留。区内道路损坏严重，需重建，植被长势较差，不需保留。

（2）内容要求

①核心区用地性质为公园用地，应符合现代城市建设和发展要求，将其建设成为生态健全、景观优美、充满活力的户外公共活动空间，以满足该市居民日常休闲活动服务，该区域为开放式管理，不收门票。

②区内休憩、服务、管理建筑和设施参考《公园设计规范》的要求设置。

③区域内绿地面积应大于陆地面积的70%，园路及铺装场地面积控制在陆地面积的8%～18%，管理建筑面积应小于总用地面积的1.5%。游览、休息、服务、公共建筑面积应小于总用地面积的5.5%。

④除其他休息、服务建筑外，原有的两栋古建筑面积为60m²，另一栋20m²，希望考生将其扩建为一处总建筑面积（包括这两栋建筑）为300m²左右的茶室（包括景观建筑等附属建筑面积，其中室内茶座面积不小于160m²）。此项工作包括两部分内容：茶室建筑布局和创造茶室特色环境，在总体规划图中完成。

⑤设计风格、形式不限。设计应考虑该区域在空间尺度、形态特征上与开阔湖面的关联，并且有一定特色。地形和水体均可根据需要决定是否改造，道路是否改线无硬性要求。湖体常水位高程43.20m，现状驳岸高程43.70m，引水渠常水位高程46.40m，水位基本恒定，渠水可引用。

⑥为形成良好的植被景观，需要选择适应栽植地段立地条件的适生植物，要求完成整个区域的种植规划，并以文字在分析图中概括说明（不需图示表达），不需列出植物名录，规划总图只需反映植被类型（指乔木、灌木、草本、常绿或阔叶等）和种植类型。

（3）图纸要求

①核心区总体规划图：1：1000。

②分析图：考生应对规划设想、空间类型、景观特点和实现关系等内容，利用符号语言，结合文字说明，图示表达。分析图不限比例尺，图中无须具象形态。此图实为一张图示说明书，考生不可拘泥于上述具体要求，自行发挥，只要能表达设计特色即可。植被规划说明书写在此页图中。

③效果图：2张。请在一张A3图纸中完成，如为透视图，请标注视点位置及视线方向。

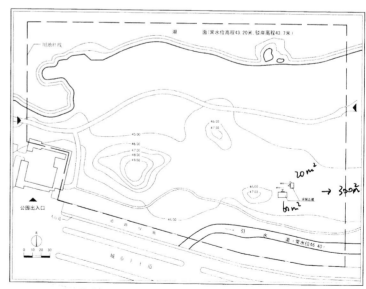

湖滨公园 核心区现状图

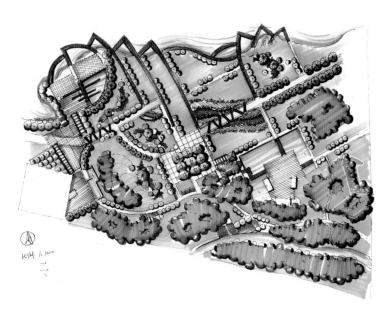

作者：陈星

优点：本方案采用了简约的现代构图，构思清晰，手法独特，以楔形绿地和折形路线作为整个设计画面的构成元素，具有较强的视觉冲击力，画面色彩整体统一。

缺点：滨水岸线缺乏变化，道路排布过于密集。

作者：沈珣

优点：内外水系结合自然，岸线变化丰富，园林小品应用较恰当。

缺点：空间划分过于平均，主次区分不明显，景观细节处理不够仔细，植物配置形式应再多变些，园路以及铺装形式单一。

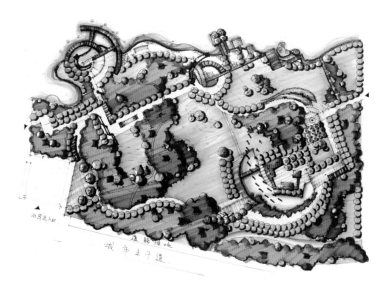

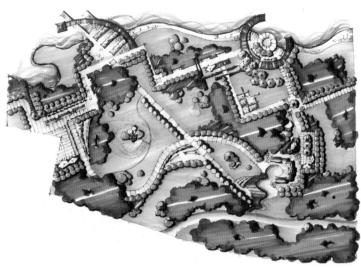

作者：李金婷

优点：风格统一，色调清新自然，空间开合有致，水系形态较优美。

缺点：内外水系之间没有连接，园区内硬质铺装较少，缺乏集体活动空间。

作者：李昱霖

优点：方案构图清晰，地块处理手法大气，交通系统清晰流畅，空间开合有致，绿地面积和硬质铺装面积比例适当，植物配置疏密结合。

缺点：水岸形式单一，游览体验不够丰富，园林景观构景元素应用较少。

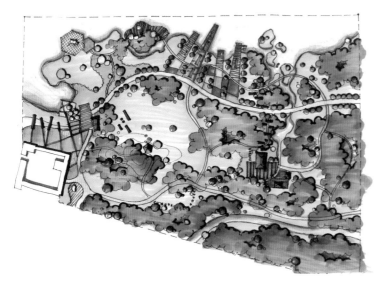

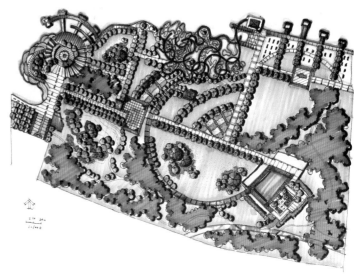

作者：施展

优点：色调清新自然，水岸线变化丰富，曲线、直线结合自然。

缺点：景观节点设置不足，园内可供活动的硬质空间偏少，出入口处没有足够的开敞空间进行人群集散。

作者：王亚东

优点：构图手法大气，轴线突出。运用了多种手法进行水体造景，空间丰富而又有层次，表现力强，游览体验丰富。

缺点：北部游览空间安排过于紧凑，南部景观节点较少。

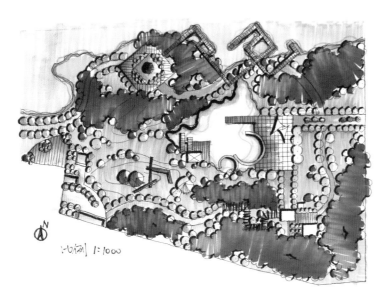

作者：王稼君

优点：风格统一，水系形态较优美，内外水系结合协调，画面色彩明暗对比强烈。

缺点：景观细部刻画不足，植物配置形式不够多样，园路主次区分不够明显，内部水系过于居中。

作者：张雪

优点：能够充分利用水体进行景观设计，滨水区植物景观多样，树丛和草地层析清晰，交通组织流线明确。

缺点：主次园路区分不清晰，景观形式单调，植物配置应疏密结合。

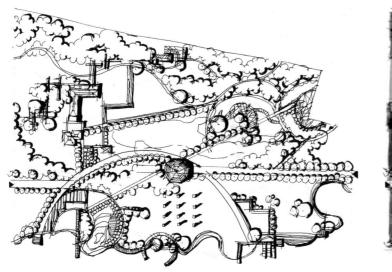
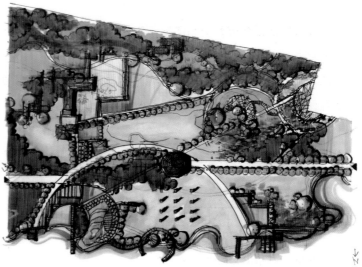

优点：轴线突出，空间排布合理，水体富于变化，线条流畅自然，园
林景观小品应用适当，景观视线丰富。
缺点：植物表达略死板，缺乏自然美。

4. 展览花园设计

题目：印象 空间 体验——展览花园设计

（1）位置

2007年中国国际园艺花卉博览会在中国某城市的约70公顷的岛上举办（见图），国内外各地的展览花园是这届博览会最重要的组成部分。位于岛中部的面积约3700m²的地块（图中填充部分）是考生设计展览花园的位置。

（2）要求

考生设计的位于这块3700m²地块上的小花园是考生所在城市为这届园艺花卉博览会建造的展览花园，花园要有以下三方面的考虑：

①反映人们对考生所在城市的印象，但这种印象不能通过建造考生所在城市的微缩景物来达到。

②是一个具有简明但丰富的空间变化的花园。

③是一个让人们去体验的花园。

（3）成果要求

平面图（1:300，表现形式不限，植物只表示类型，不标种类）

剖面图（1:300,1张，表现形式不限）

鸟瞰图（1张，表现形式不限）

（4）图纸要求

以上所有成果都画在若干张A3（420mm×297mm）白色复印纸上。

（5）考试时间

3小时。

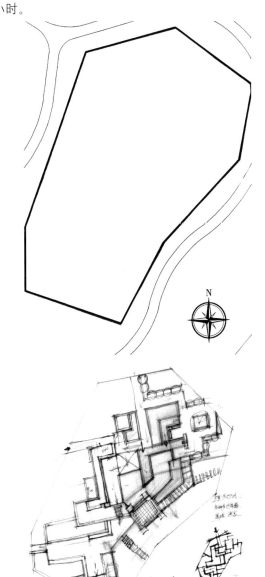

2007年中国国际园艺花卉博览会总图（填充部分是设计的展览花园位置）

优点：设计充分考虑场地周边环境和主要功能，功能分区合理，出入口设置能够满足人群集散要求，植物配置形式多样，水景穿插为景观增添了活力，景观细节刻画细腻。

缺点：硬质铺装和水系面积过大，绿化面积略显不足。

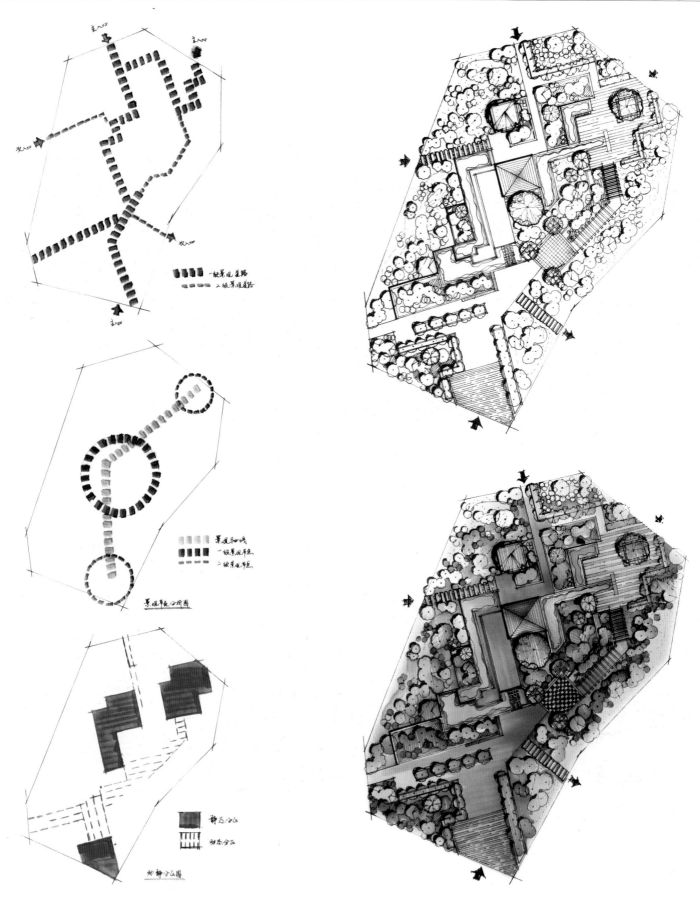

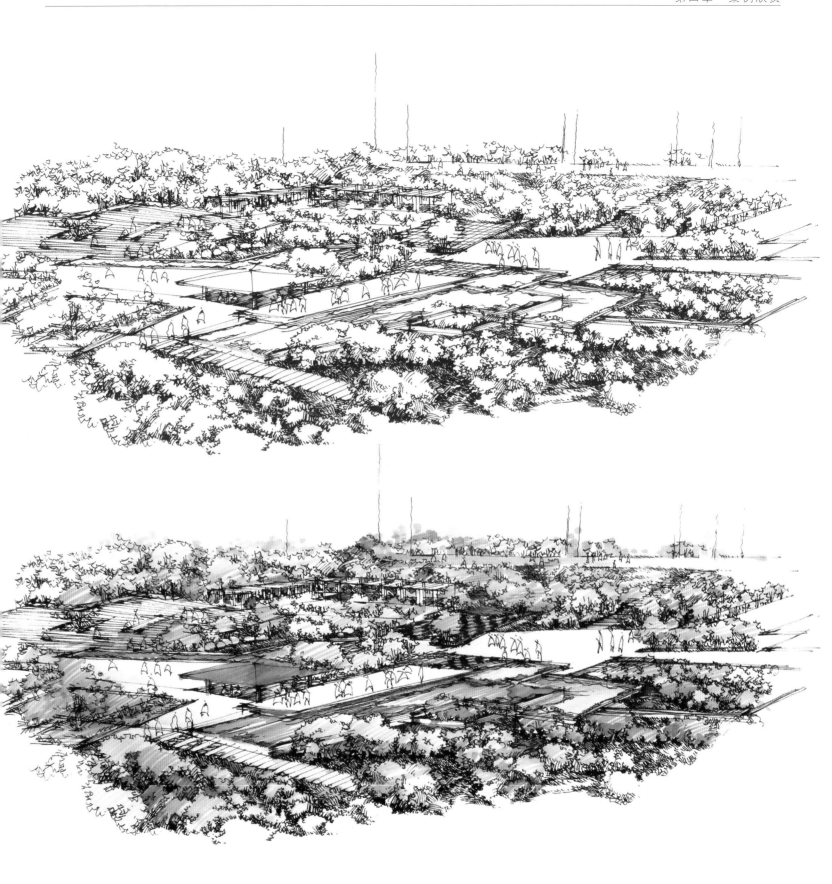

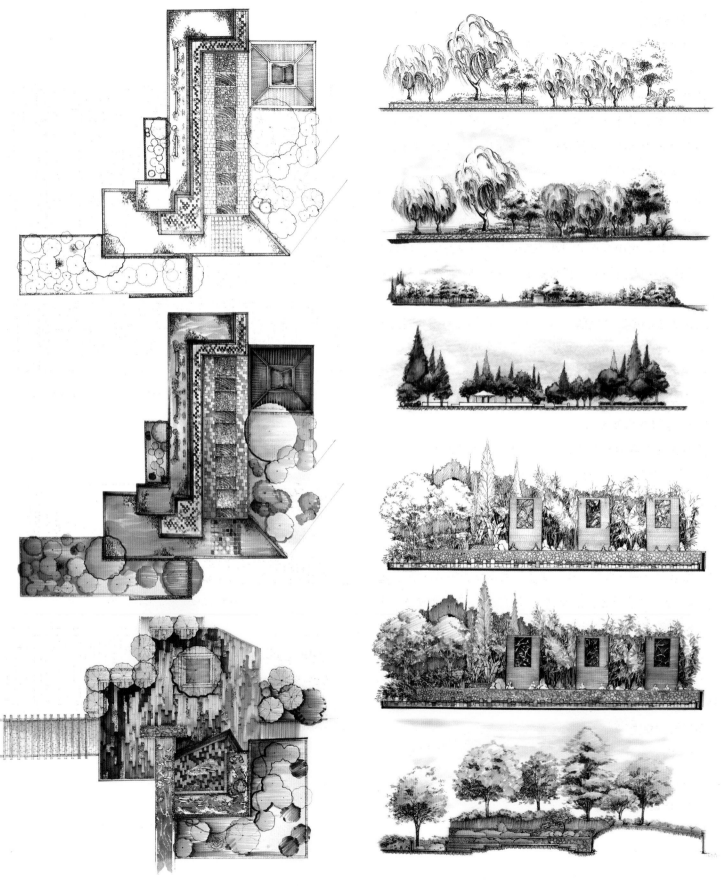

5．庭园设计

北京某大学艺术学院建筑庭园设计

（1）艺术学院建筑情况

北京某大学艺术学院建筑位于该大学西北角，周围树林密布，环境优美。艺术学院占地面积约18000m^2，建筑为三层，钢筋混凝土框架结构，立面材料为混凝土墙面、玻璃和杉木条遮阳板，建筑典雅明快。

建筑包括门厅、教室、办公室、管理室、图书资料室、研究室、会议室、报告厅、展览厅、小卖部、茶室等内容。建筑布局非常活跃，自由开放的空间和随处布置的休息场所使建筑不仅仅是学院的教育设施，更重要的是学院师生交往和聚会的场所，人们可以一起交流、学习、休息。

建筑的核心是三个庭园，其中西部和中部的两个庭园是可以进入的，而东部庭园面积较小，除管理外，平时不能进入。在建筑内部主要位置都能欣赏到庭园的景色，三个庭园也为建筑带来轻松气氛。

（2）设计内容及要求

建筑的三个庭园都必须设计，设计时要充分考虑从建筑内部观赏三个庭园的视觉效果，西部和中部的两个庭园要考虑使用功能，使它们成为良好的交流、休息环境。

（3）图纸要求

设计中的所有内容均在一张1号图纸（841mm×594mm）上完成。试题中有一份建筑一层平面图，方格网为10m×10m，首先在1号图上将这张平面图放大到1：300大小（只需画建筑轮廓线，建筑内部房间可不表示），然后完成三个庭园的设计，图纸表现形式不限，内容包括：

①平面图1：300，其中植物只需表示植物类型，不标树种。

②局部透视图1张。

（4）考试时间

3小时。

（5）试题分数

150分。

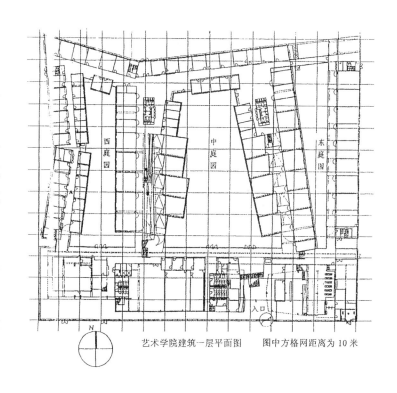

艺术学院建筑一层平面图　图中方格网距离为10米

现状沿公园南街立面图　1：400

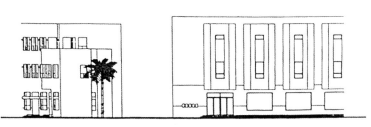

现状沿建国路立面图　1：400

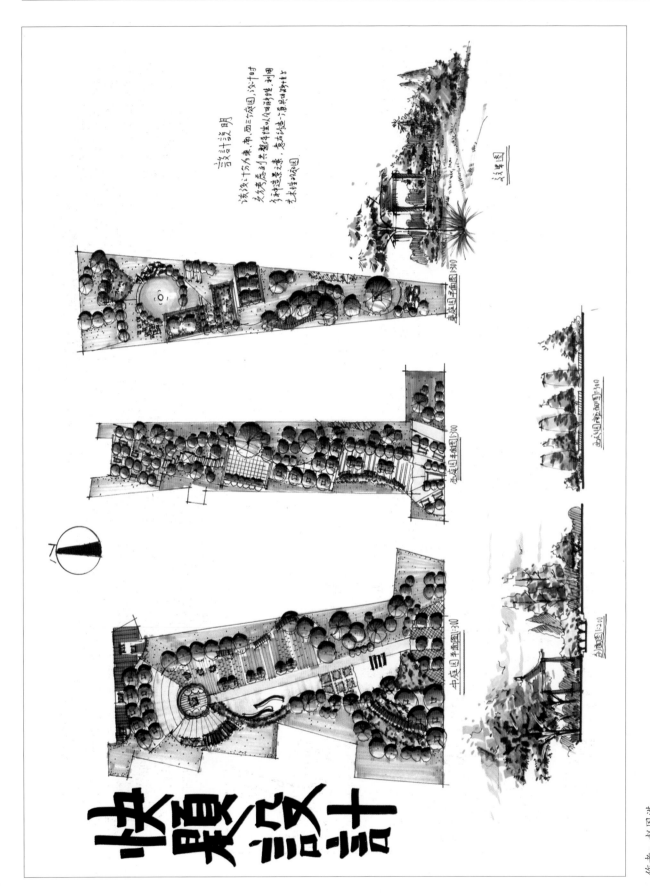

作者：赵国洪
优点：与周边校园氛围协调统一，符合环境要求，手法清晰明朗，现代感较强，植物配置简洁大方，空间开合把握适度，能够较好地满足使用功能要求。
缺点：铺装形式不够丰富，乔木过多，没有充分考虑周围的视线关系。

整体方案欣赏

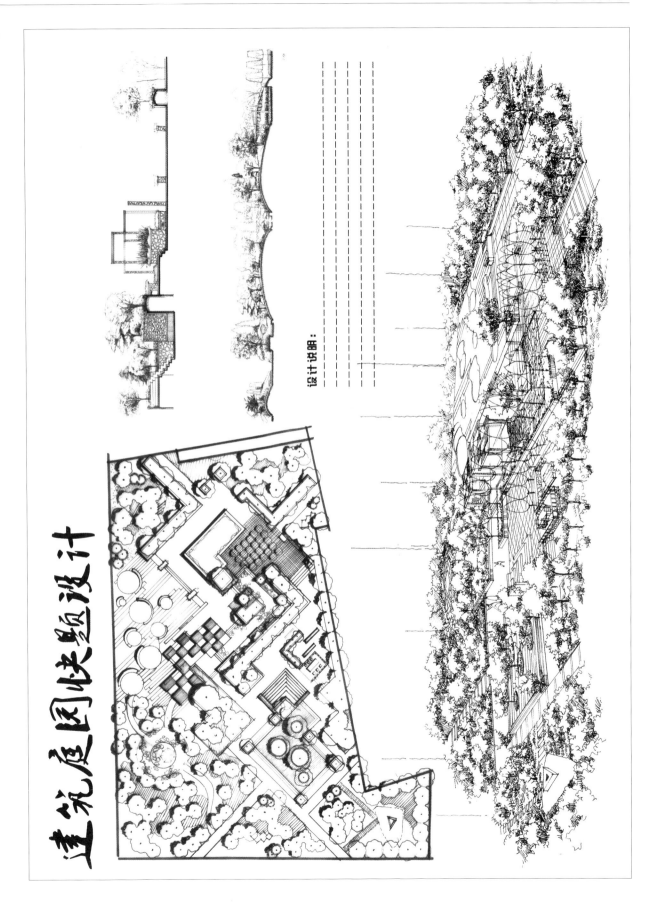

建筑庭园快题设计

设计说明：

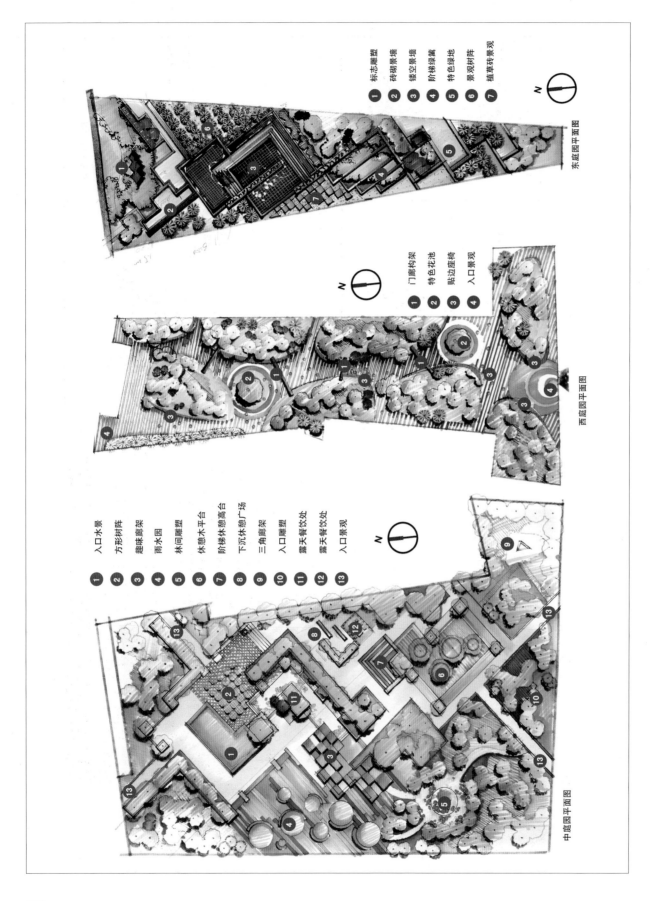

东庭园平面图

1 标志雕塑
2 砖砌景墙
3 镂空景墙
4 阶梯绿篱
5 特色绿地
6 景观树阵
7 植草砖景观

N

西庭园平面图

1 门廊构架
2 特色花池
3 贴边座椅
4 入口景观

N

中庭园平面图

1 入口水景
2 方形树阵
3 趣味廊架
4 雨水园
5 林间雕塑
6 休憩木平台
7 阶梯休憩高台
8 下沉休憩广场
9 三角廊架
10 入口雕塑
11 露天餐饮处
12 露天餐饮处
13 入口景观

N

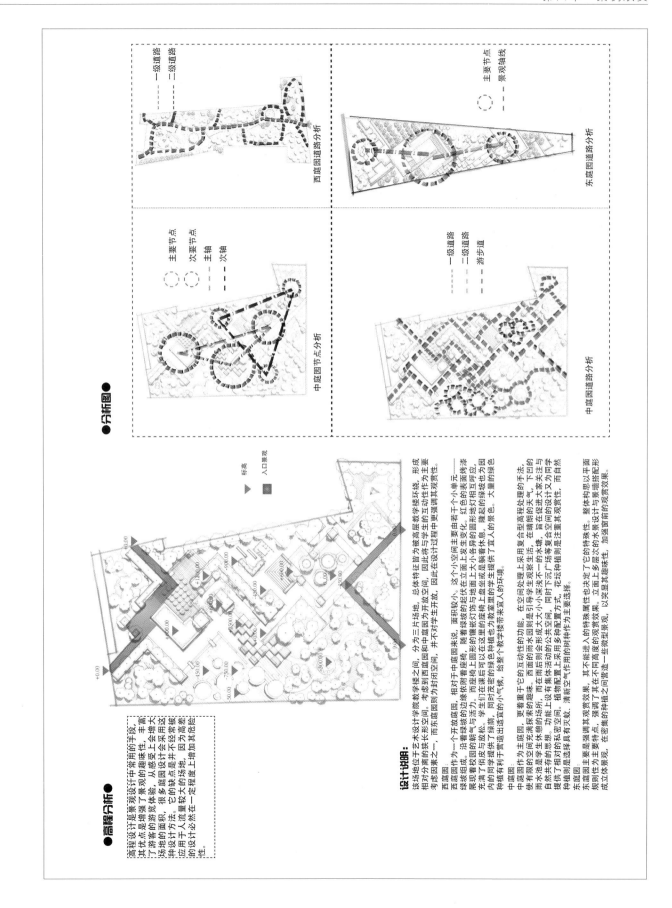

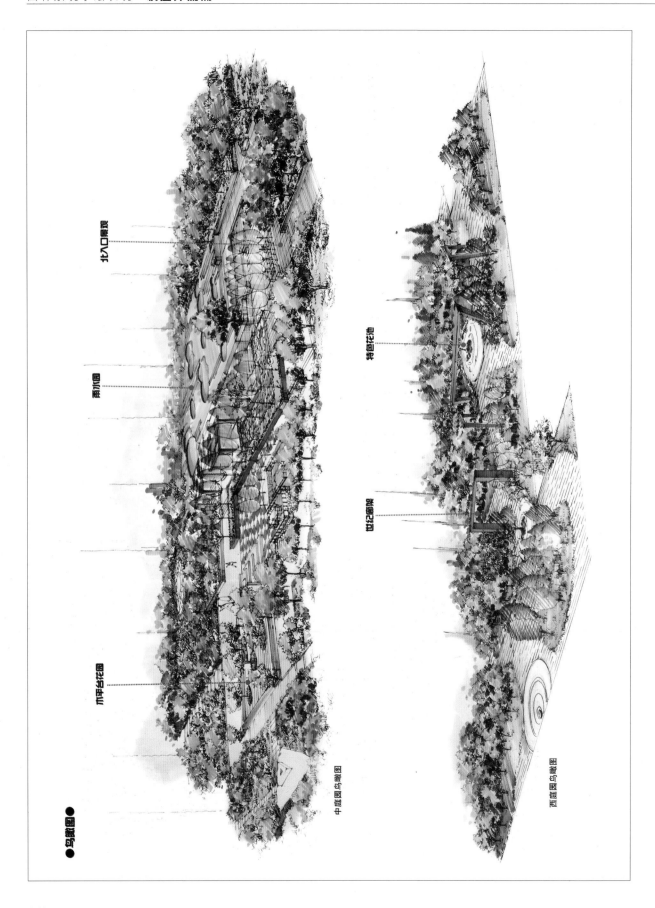

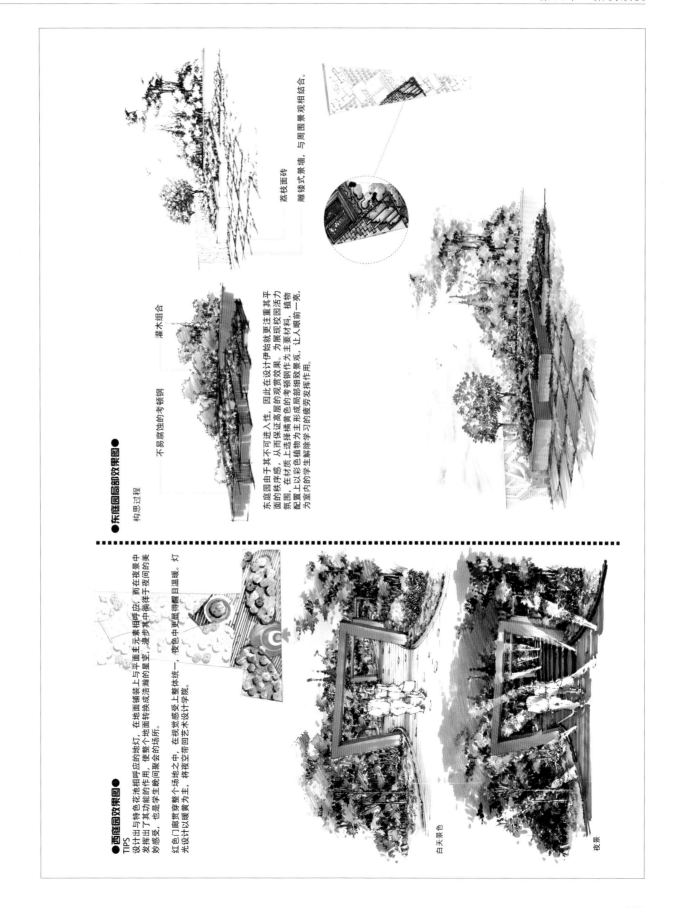

●西庭园效果图●

TIPS

设计出与特色池花池相呼应的地灯，在地面铺装上与平面主面无素相呼应，而在夜景中发挥出了其功能的作用，使整个能间聚会的美妙感受，也是学生晚间聚会的场所。

红色门廊贯穿整个场地之中，在视觉感受上整体统一，夜色中更显得醒目温暖。灯光设计以暖黄为主，将夜空带回艺术设计学院。

荔枝面砖

雕镂式景墙，与周围景观相结合。

●东庭园局部效果图●

构思过程

不易腐蚀的考顿钢 灌木组合

东庭园由于其本不可进入性，因此在设计伊始就更注重其平面的秩序感，从而保证高层的观赏效果。为展现校园活力氛围，在材质上选择橘黄色的考顿钢作为主要材料，植物配置上以彩色植物为主形成局部细致景观，让人眼前一亮，为室内的学生解除学习的疲劳发挥作用。

白天景色

夜景

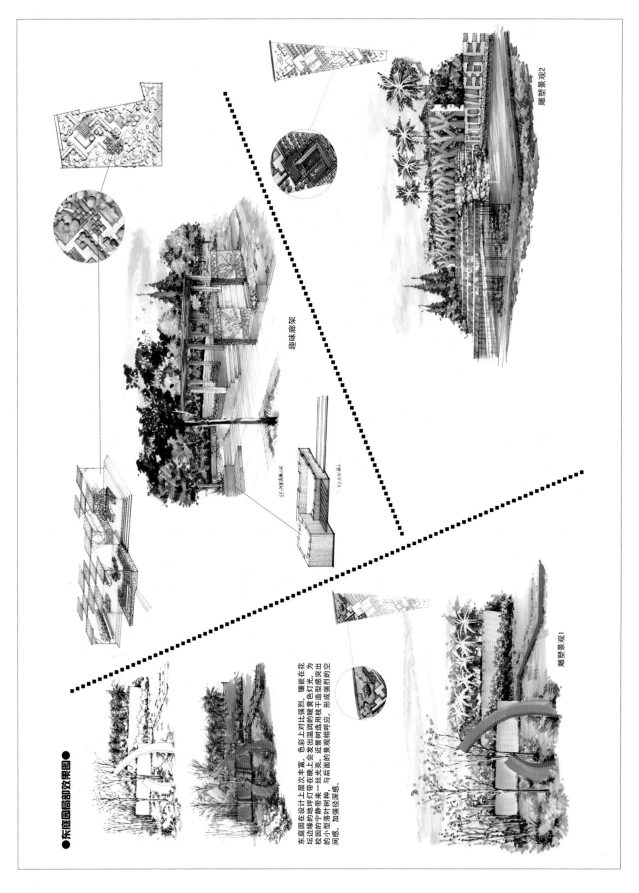

雕塑景观2

趣味廊架

●东庭园局部效果图●

东庭园在设计上层次丰富，色彩上对比强烈，镶嵌在花坛边缘的地坪灯带在晚上会发出温润的暖黄色灯光，为校园的宁静带来一丝光亮。近景树选用枝干造型感突出的小型落叶树种，与后面的景观相呼应，形成强烈的空间感，加强径深感。

雕塑景观1

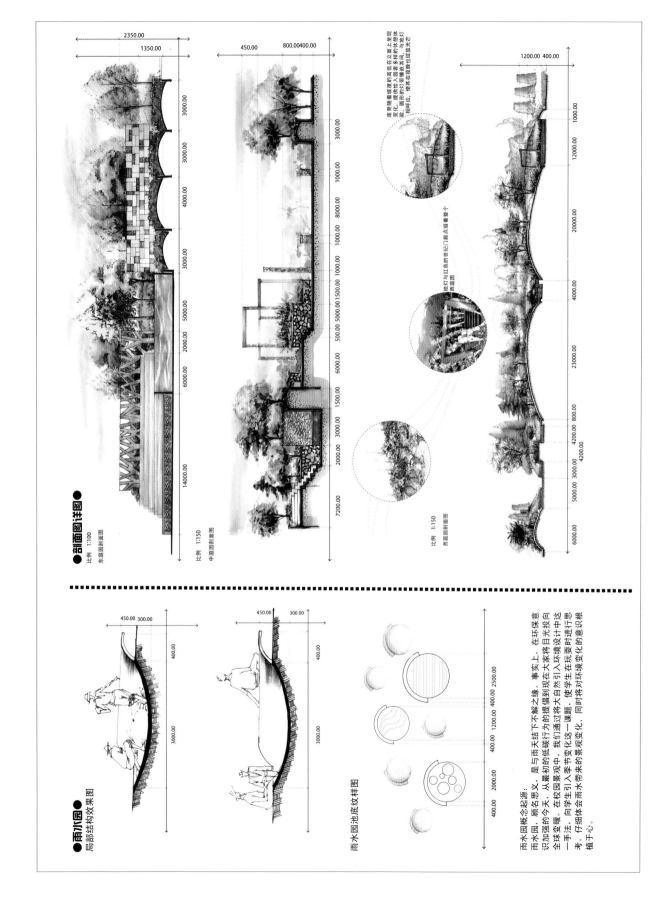

6．主题广场设计

注意事项：（1）试题纸不能带离考场，请在考试结束后随答题纸交回。（2）图纸一律不得署名，准考证号一律写在图纸右下角处，违者按作废处理。

江南某大城市科技局与文化局联合计划在青少年科技活动中心内东西长100米、南北宽80米的场地上兴建展示"中国航天活动的第三个里程碑——月球探测工程"室外主题广场。该场地地势平坦，见附图所示。相关信息、设计要求、设计内容及时间安排如下：

（1）相关信息

中国探月是我国自主对月球的探索和观察，又叫作"嫦娥工程"。探月工程的圆满成功是继人造地球卫星、载人航天之后我国航天活动的第三个里程碑，它标志着我国深空科学探测取得了新突破，昂首迈入了世界先进行列。这是一个中国综合实力的象征，是中华民族崛起的象征，令所有炎黄子孙倍感骄傲和自豪。

2007年10月24日18时05分搭载着"嫦娥一号"卫星和中国人登月梦想的"长征三号甲"运载火箭成功发射。

2007年11月26日，注定是一个让国人欢庆自豪的日子，也是一个彪炳中国航天史册的日子。这一天，中国国家航天局正式公布了"嫦娥一号"卫星从距离地球38万公里的环月轨道传回的首张月面图像，温家宝为"嫦娥一号"首张月面图像揭幕并发表讲话。

温家宝说，探月工程是继人造地球卫星、载人航天之后我国航天活动的第三个里程碑，首次探月工程的圆满完成，使我国跨入世界上为数不多的具有深空探测能力国家的行列，这是我国综合国力显著增强、自主创新能力和科技水平不断提高的重要体现，对提高我国国际地位、增强民族凝聚力具有十分重大的现实意义和深远的历史意义。这必将进一步鼓舞全国各族人民为建设创新型国家、加快现代化进程而努力奋斗。

中国航天大事记：

1956年10月8日，我国第一个火箭导弹研制机构——国防部第五研究院成立，钱学森任院长。

1958年4月，我国开始兴建第一个运载火箭发射场。

月球是人类的共同财富，和平开发和利用月球　月球图片
资源是全人类共同的使命。

1964年7月19日，我国第一枚内载小白鼠的生物火箭在安徽广德发射成功，我国的空间科学探测迈出了第一步。

1968年4月1日，我国航天医学工程研究所成立，开始选训航天员和进行载人航天医学工程研究。

1970年4月24日，随着第一颗人造地球卫星"东方红一号"在酒泉发射成功，我国成为世界上第5个发射卫星的国家。

1975年11月26日，首颗返回式卫星发射成功，我国成为世界上第3个掌握卫星返回技术的国家。

1979年，"远望一号"航天测量船建成并投入使用，我国成为世界上第4个拥有远洋航天测量船的国家。

1985年，我国正式宣布将"长征"系列运载火箭投入国际商业发射市场。

1990年7月16日，"长征二号"捆绑式火箭首次在西昌发射成功，其低轨道运载能力达9.2吨，为发射载人航天器打下了基础。

1990年10月，载着两只小白鼠和其他生物的卫星升上太空，开始了我国首次携带高等动物的空间轨道飞行试验。

1992年，我国载人飞船航天工程正式列入国家计划进行研制。

1999年11月至2002年12月，我国先后4次成功发射"神舟"一号至四号无人飞船。

2003年10月15日，我国成功发射第一艘载人飞船"神舟"五号。

2005年10月12日，我国成功发射第二艘载人飞船"神舟"六号，并首次进行多人多天飞行试验。

（2）设计要求

①合理构思，以中国航空发展为主体，对场地进行整体环境设计，充分展示中国深空科学探测成功的自豪感、喜悦感。

②利用现有地形，在广场上设置若干主题景点，展示中国航天发展历程。

③强调寓教于乐，为青少年设置室外活动的小型集会、交流场地。

④广场上可设置纪念亭、廊、柱等，可提供休息座椅。

（3）设计内容

①总平面图1：300，1张。

②功能分区示意图1张，交通分析示意图1张。

③局部绿化种植图1：300，1张。

④总体鸟瞰图1张，图幅不小于21cm×29.7cm或29.7cm×21cm。

⑤局部效果图1张，图幅不小于18cm×13cm或13cm×18cm。

⑥300字设计说明（在图纸上）。

（4）图纸及表现要求

①图纸规格为A2。

②图纸用纸自定（透明纸张无效），张数不限。

③表现手法不限，工具线条与徒手均可。

④务必用色彩表现，彩铅、马克、水彩等表现不限。

（5）考试时间

3小时。

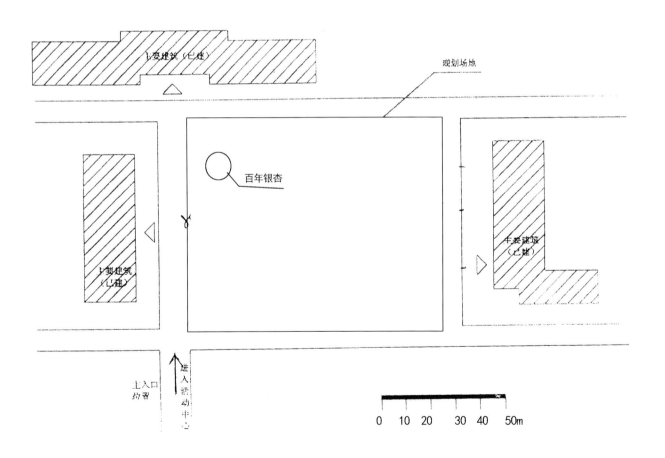

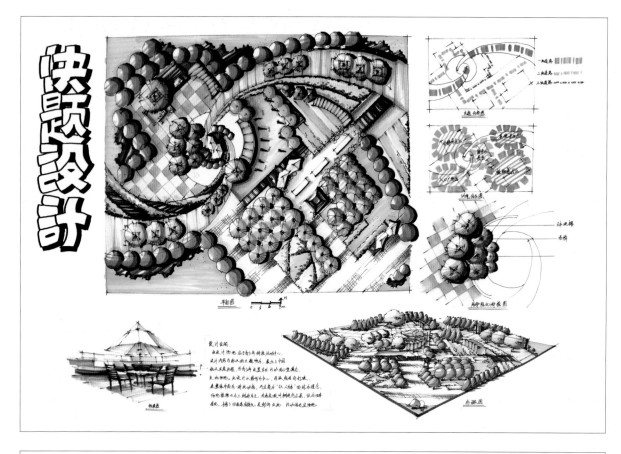

作者：李昱霖

优点：布局美观大气，功能分区合理，能够利用不同的造景元素进行景观设计。

缺点：没有明显反映题目要求的主题，细节刻画不足，对古树的利用和保护工作不完善。

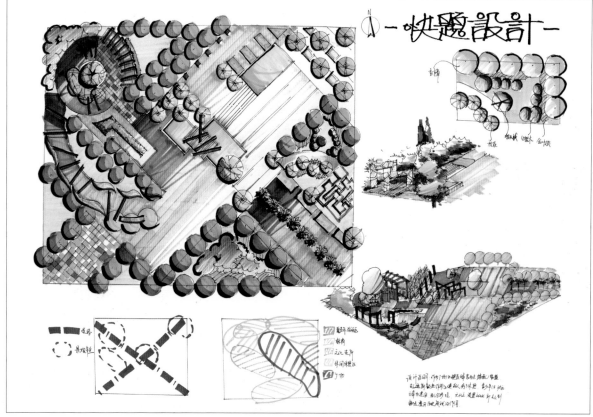

作者：刘丝语

优点：曲线和折线穿插，交通流线明确，将广场上各个功能联系起来，融为整体。

缺点：硬质铺装面积过大，空间组织形式变化较少。

7. 文化休闲广场设计

（1）设计背景要求

某小城市集中建设文化局、体育局、教育局、广电局、老干部局等办公建筑。在建筑群东侧设置文化休闲广场，安排市民活动场地、绿地和设施。广场内还建设了图书馆和影视厅。

文化休闲广场的具体内容可由设计人确定，需满足的要求如下：

①建筑群中部有玻璃覆盖的公共通廊，是建筑群两侧公共空间步行的主要通道。

②建筑东侧的入口均为步行辅助入口，应和广场交通系统有机衔接。

③应有相对集中的广场，便于市民聚会、锻炼以及开展节庆活动等。

④场地和绿地相结合，绿地面积（含水体面积）不小于广场总面积的1/3。

⑤现状场地基本为平地，可考虑地形竖向上的适度变化。

⑥需布置面积约50m²的舞台1处，并有观演空间（观演座位固定或临时均可，观演空间和集中广场结合也可以）。

⑦在丰收路和跃进路上可设置机动车出入口，幸福路上不得设置。

⑧需布置地面机动车停车位8个，自行车停车位100个。

⑨需布置3m见方的服务亭2个。

⑩可以自定城市所在地区及文化特色，在设计中体现文化内涵，并通过图示和说明加以表达（比如某同学选择宁波市余姚市，则可表现河姆渡文化、杨梅文化、市树市花内涵等）。

（2）成果要求

总平面图1：500。

局部剖面图1：200。

能表达设计意图的分析图或表现图（比例不限）。

设计说明（字数不限）。

将成果组织在一张A1图纸上，总平面图可集中表现广场及西侧建筑群轮廓，留出空间绘制分析图、剖面图、表现图、设计说明。

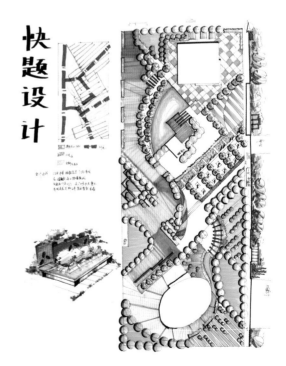

作者：李薇薇
优点：构图统一，有足够的硬质空间，符合目标人群的使用需求。
缺点：交通流线设计不够合理，效果图不够饱满。

作者：刘丝语
优点：空间组织有秩序感，硬质铺装面积足够满足使用者功能要求，动静分区合理，整个画面协调统一。
缺点：细节处理较粗糙，应该丰富绿化形式。

作者：陈星
优点：曲线和折线穿插，将广场上各个功能联系起来，融为整体。空间形态丰富，有不同材质、大小的对比。绿化与铺装安排适当，水景形态多变。
缺点：表现应该再细腻些。

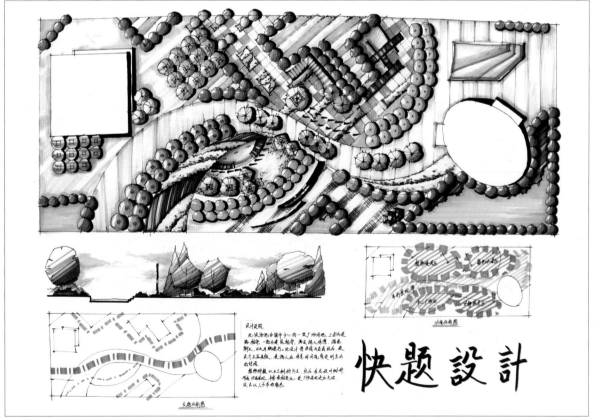

作者：李昱霖
优点：功能分区合理，符合使用人群的要求，整体结构清晰，色彩统一，道路系统明确。用斜线肌理统一整个设计。
缺点：平面图缺少指北针、比例尺，剖面图缺少比例尺、标高等必要标志。

8．小广场设计

某城市拟在图示范围中进行环境改造。该场地呈长方形，南北长40m，东西宽20m，地势平坦。

（1）设计要求

①对原有地形允许进行合理的利用与改造。

②考虑市民晨练及休闲散步等日常活动，合理安排场地内的人流线路。

③可酌情增设花架与实体景墙等内容，使之成为凸显城市文化的要素。

④方案中应用树木，充分利用城市河道，体现滨水型空间设计。

⑤种植设计尽可能利用，硬质铺地与植物种植比例恰当、相得益彰。

（2）设计内容

①总体规划图1：200，1张。

②局部绿化种植图1：200，1张。

③景点或局部效果图4张，其中1张为植物配置效果图。

④剖面图1：200，1张。

⑤400字规划设计文字说明（在图纸上）。

（3）图纸及表现要求

①图纸尺寸为A2。

②图纸用纸自定，张数不同，但不得使用描图纸与拷贝纸等透明纸。

③表现手法不限，工具线条与徒手均可。

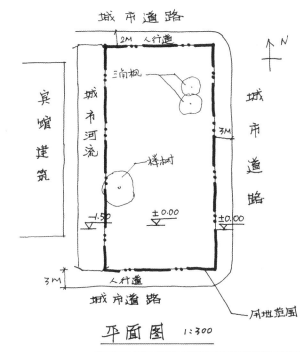

平面图 1:300

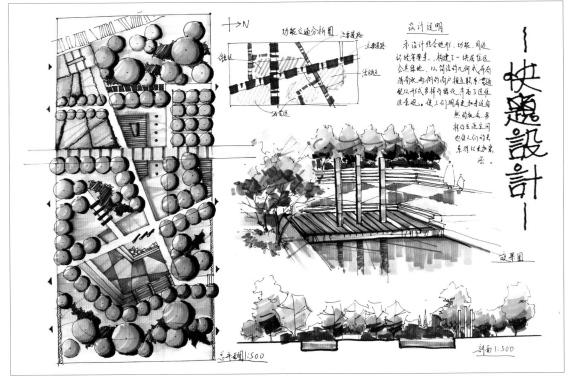

作者：李薇薇

优点：设计手法独特，构思大胆，充分利用了多种景观元素进行造景，且整体性强。

缺点：竖向形式单调，灌木应用较少，植物配置层次感欠佳。

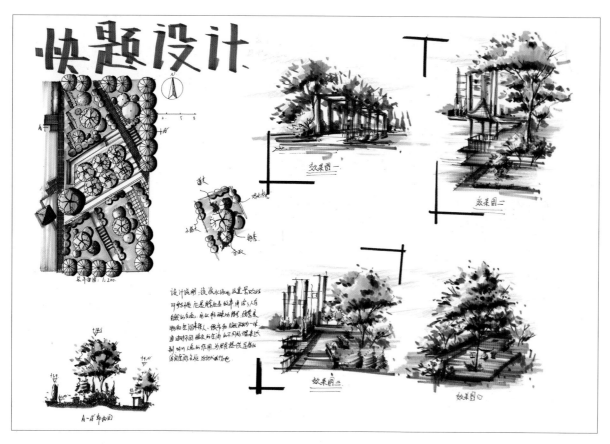

作者：陈星
优点：设计骨架清晰，结构明确，有主次，各功能分区有呼应。植物配置丰富，竖向设计合理，变化自然。
缺点：滨水活动空间单调，岸线形式变化较少。

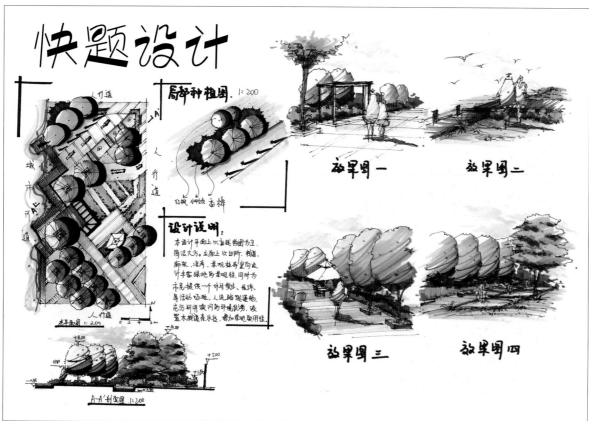

作者：李金婷
优点：较好地利用河道进行了造景，结构清晰，连续性较强。
缺点：竖向设计缺乏变化，没有考虑场地排水等，植物方面缺少灌木。

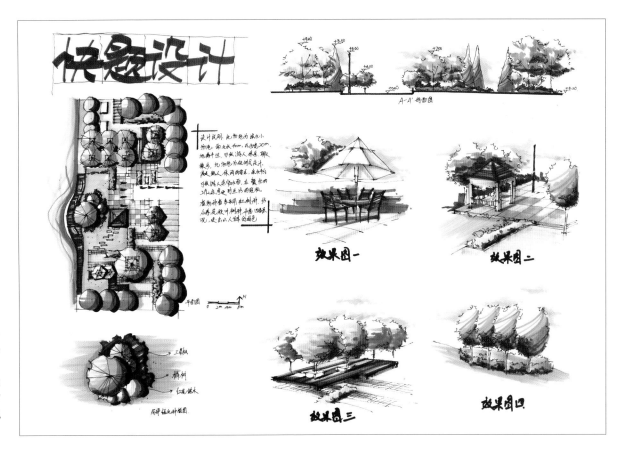

作者：李昱霖

优点：空间形式变化多样，适宜市民进行集体活动。

缺点：对河道处理手法比较保守，没有充分利用河道进行造景，效果图表现过于简单。

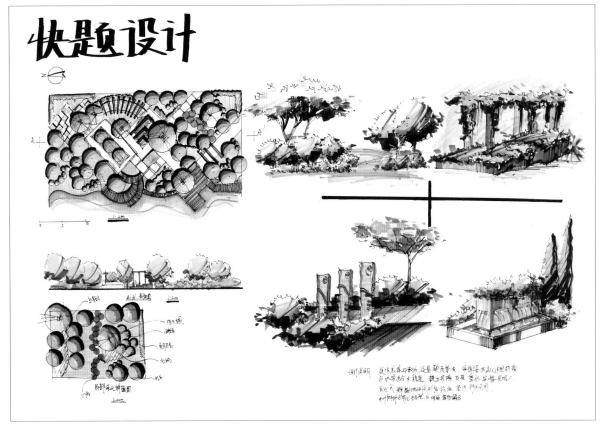

作者：刘丝语

优点：该方案具有清晰的主轴线，绿地与硬质比例适当，空间节点主次分明。

缺点：乔木使用过多，过于密集，应增加灌木的配置，景观细节处理过于粗糙。

9. 宅间设计

（1）区位与用地现状

华东地区某城市为改善市民居住条件，新建了一处欧陆风格的居住小区，淡茶红色的墙面，白色塑钢窗框，浅绿色的玻璃，每户面积100～140m²，户型合理，房间均向阳。该小区北临城市干道，西临城市次干道，小区由前后两排楼房组成，前排由3幢12层与7层的塔楼组成，后排由3幢2层的塔楼与2层裙楼组成，其地下为车库，一、二层是公建、综合性商场、超级市场、连锁店等。小区实施封闭式管理，主入口设于东侧，紧邻居委会文化活动中心；次入口在南侧，为门廊式入口，主要留作消防通道，平时关闭。小区主要居住人群为工薪阶层，文化程度较高。

（2）设计内容及要求

①创造优质环境，既要满足户外休闲活动要求，又要体现其自身特色，不与一般小区绿化雷同。

②结合地形和建筑群风格，继承中国造园理念，创造现代居住景观新形势。

③环境绿地率应在52％以上，植物材料宜采用当地能露地生长的本气候带常用植物，不追求奇花异卉。

（3）图纸要求

①总体设计图1：500。

②竖向设计图1：500。

③作全园鸟瞰图及透视效果图各1张。

④设计说明书。

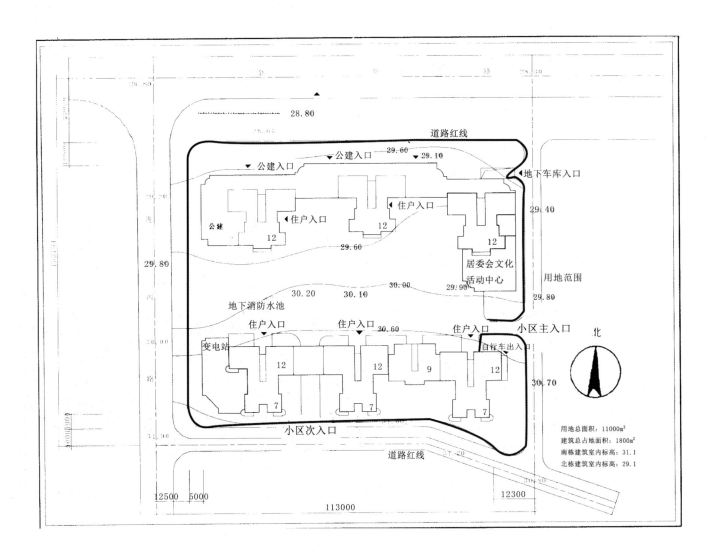

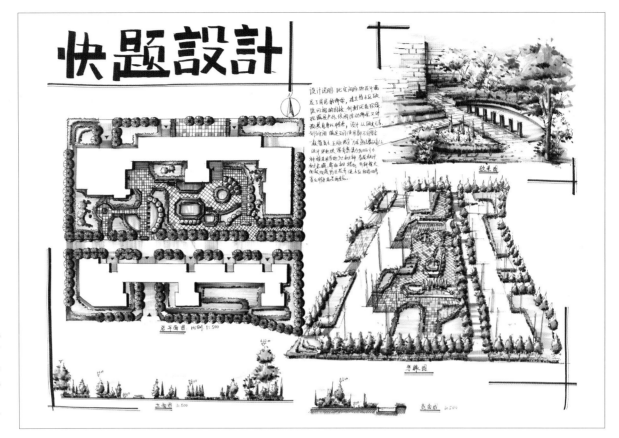

作者：陈星

优点：中央组团绿地景观丰富，形式多样，充分考虑居民活动需要，规整式构图有鲜明的欧洲园林风格。

缺点：绿地植物景观单一，硬质铺装面积过大，绿化率不足，竖向空间变化少。

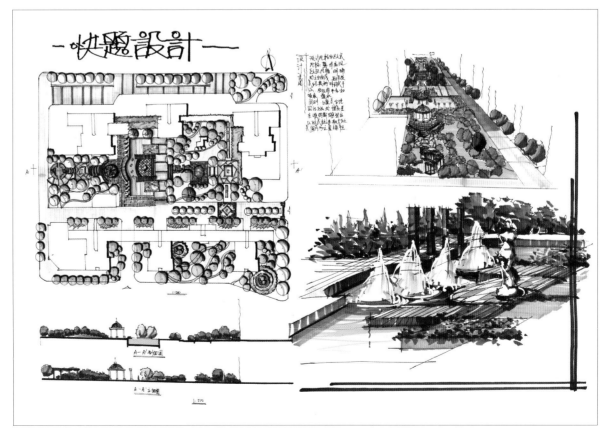

作者：刘丝语

优点：画面清新整洁，中央景观有明确轴线，园林小品的选择体现明显的欧陆风，符合题目要求的风格。

缺点：灌木应用较少，植物配置竖向层次不够丰富。

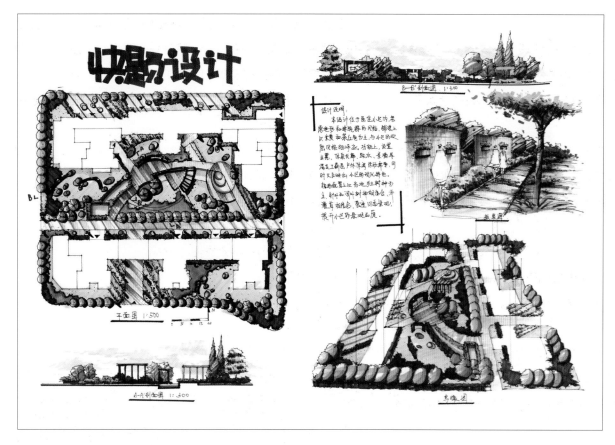

作者：李金婷
优点：景观设计色彩与建筑风格呼应，空间组织有秩序感，整个画面协调统一。
缺点：开敞空间较多，私密空间较少，动静分区不明显。

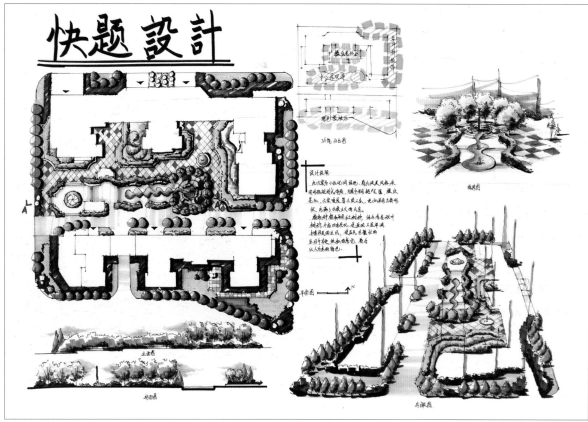

作者：李昱霖
优点：功能分区明确，有足够的硬质空间，符合目标人群使用的需求。
缺点：水景设计孤立于景观之外，两处水景之间也没有很好的联系。景观细部设计有待仔细刻画。

10.公园绿地

为美化城市景观，改善城市生活质量，某城市（地方自选）拟对市区某地段进行景观改造，拟建成一开放式公园绿地。本次计划建设的基地情况及方案规划设计具体要求如下：

（1）基本概况

本次列入改造的一块地段位于城市建成区域，基地西侧为城市对外主要通道，东侧隔河相望为一居住小区，南侧为城市道路，面积约42000m²，基地内有一定的地形起伏，西南侧建筑可拆除（具体详见附图）。

（2）规划设计要求

①尽可能利用现状地形及周围环境条件，规划方案要做到既符合城市形象需求，同时又具有现实开发可行性，可操作性强。

②功能合理、环境优美，能够体现时代气息。

③主题突出、风格明显，体现地方文化特色。

④营造舒适、美观的环境氛围，满足各类人群的休闲游憩活动需求。

⑤公园入口自定，需设置于东侧居住小区的步行桥梁一座，位置根据现状自定。

⑥其他规划设计条件（建筑、水系、小品等）自定。绿地率满足公园设计规范。

（3）图纸内容与要求

①总平面图，要求标注出入口、主要景点与设施，比例自定。（50分）

②景观功能分区分析示意、交通组织分析示意、植物景观分区示意及景观视线分析示意及竖向设计图，比例自定（注：以上分析图纸可根据情况合并绘制，也可以单独绘制）。（20分）

③完成不小于A3图纸尺寸的整体效果图。（20分）

④两张不小于A4图纸尺寸局部景点效果图，其中一幅为入口效果图。（20分）

⑤规划设计说明（不少于200字）和相应的规划技术指标。（15分）

⑥完成局部景观扩初设计（面积不小于200m²），需包含区域内硬景和软景的扩初设计，同时包含一景观小品（亭、景墙、构筑物等）的扩初设计，比例自定。（25分）

⑦图面要求：594mm×420mm绘图纸（透明纸无效）张数不限，表现手法不限。

（4）评分标准：（满分150分）

①环境构思与规划造型：20%。

②使用功能与空间组合：20%。

③图面表现与文字表达：40%。

④技术、经济与结构合理性：20%。

（5）时间安排

6小时。

（6）附图

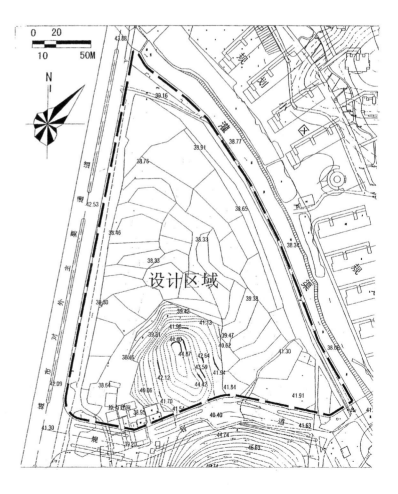

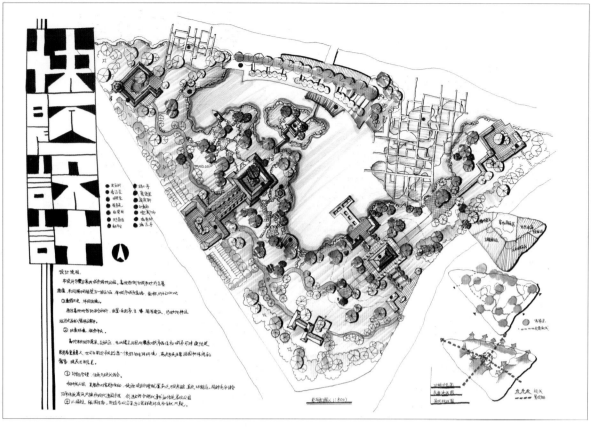

作者：周文清

优点：景观轴线突出明显，园林建筑形式丰富，有意境，水体处理手法灵活。

缺点：供市民进行集中休闲活动的空间较少。

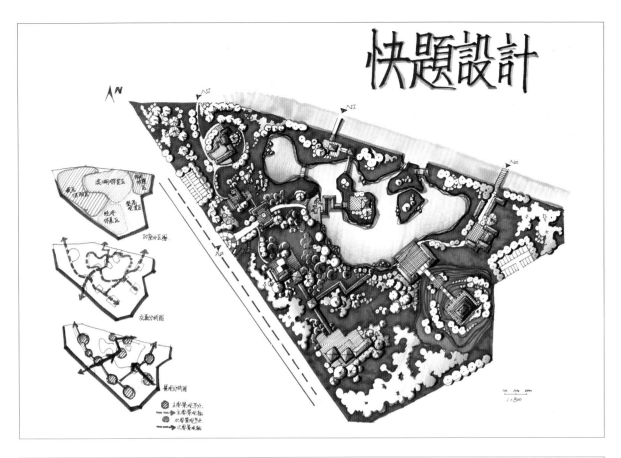

作者：王雅凝
优点：方案采用中国传统古典园林手法体现地方文化特色，景观节点安排连贯，水系处理形式多样，地形处理适当，植物配置形式多样。
缺点：古典园林的造景手法过于拘泥，没有符合题目要求的"体现时代气息"。

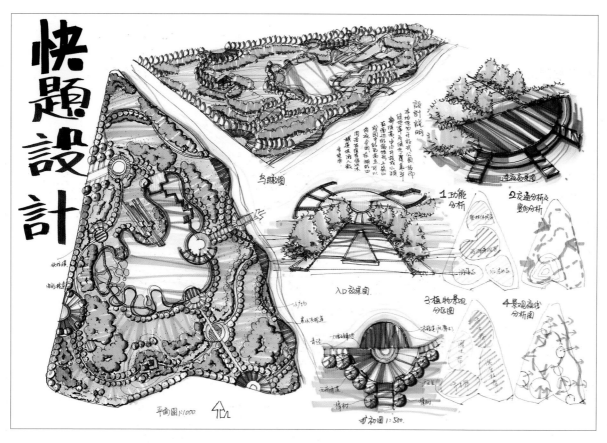

作者：高天娇
优点：方案构图饱满，有明显轴线，功能分区明确，场地分析充分，水岸景观丰富。
缺点：植物配置形式单调，景观视线比较单一。

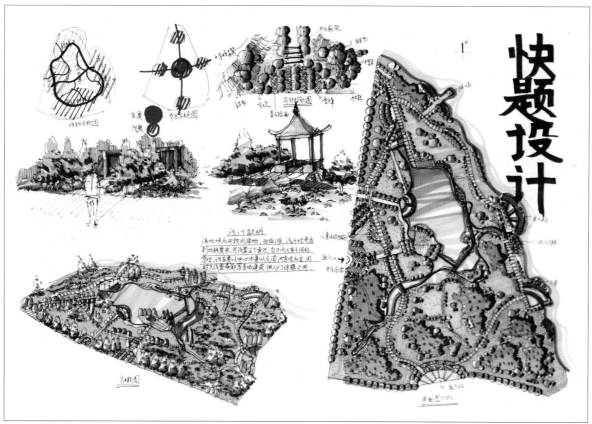

作者：赵国洪
优点：对周边环境作了充分的考虑，运用了多种手法进行水体造景，空间丰富而有层次，表现力强。
缺点：造景手法单一，景观节点较少，空间组织形式少，水尾处理不够自然。

11.绿地规划

时间：3小时。

试题名称：高校教学区绿地规划设计

要求对南京市某高校教学区绿化进行规划设计，该地域地势平坦，西侧有小水池一个，见附图，要求将该地块建成师生课余休息活动场所，要求充分考虑该地块的基地特征和校园开放性绿地的基本要求，做到主题突出，功能合理，景观丰富，有文化品位。

（1）规划设计要求

①主题突出，风格明显，有文化品位。

②功能合理，景色丰富。

（2）图纸内容与要求

①总平面图（1：250）。

②全园鸟瞰图（表现方法不限）。

③四张局部效果图（含植物造景一张）。

④文字说明。

⑤2号图，表现方法不限。

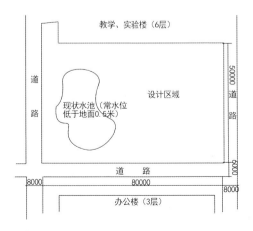

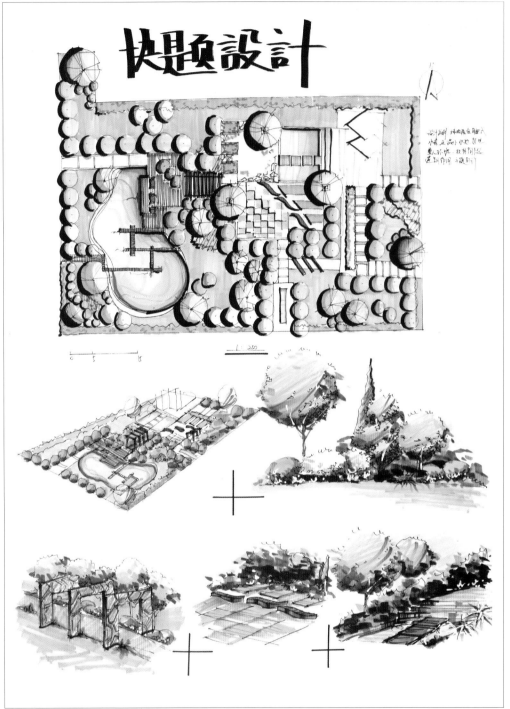

作者：刘丝语

优点：合理利用场地现状条件，将场地现有水池与设计景观较好地融合，交通流线明确，铺装形式丰富。

缺点：植物景观处理较单调，画面略显空洞。

12.绿地设计

设计城市绿地一块，地形北面临城市河道，东、西均为街道，南面为住宅区，绿地面积200m×50m。

要求：功能齐全，设计合理。

图纸要求：

①平面图1幅，1：500。

②鸟瞰图1幅。

③剖面图1幅。

④立面图1幅。

⑤效果图1幅。

⑥分析图4幅。

⑦扩初图1幅。

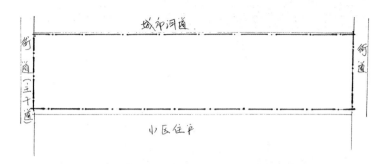

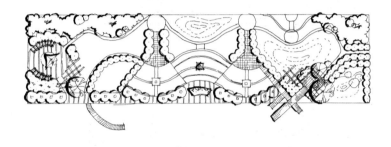
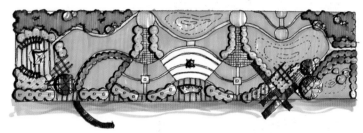

作者：崔洪珊

优点：采用中轴对称的手法进行布局，主轴明确，构图清晰，但又不乏变化，整体性强，与河道紧密相连，设计符合场地周边环境。

缺点：场地中央部分应加强植物设计。

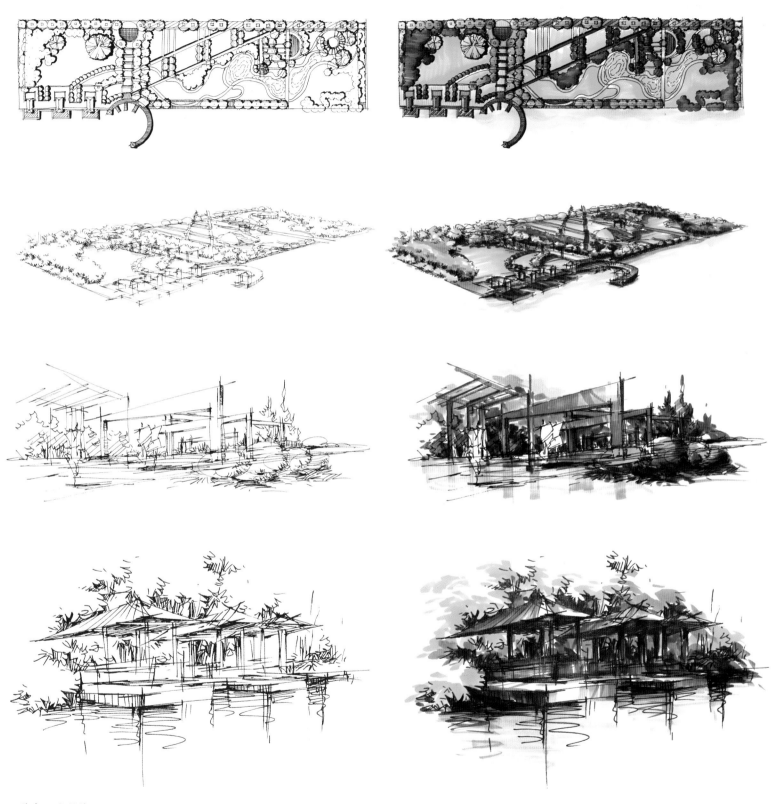

作者：马斯婷
优点：自然式与规则式设计结合，空间开合适度，骨架清晰，结构明确，有主次，能够满足周围居民的使用要求，各功能分区有呼应。
缺点：园路两侧应增加植物景观，园中增加园林小品。

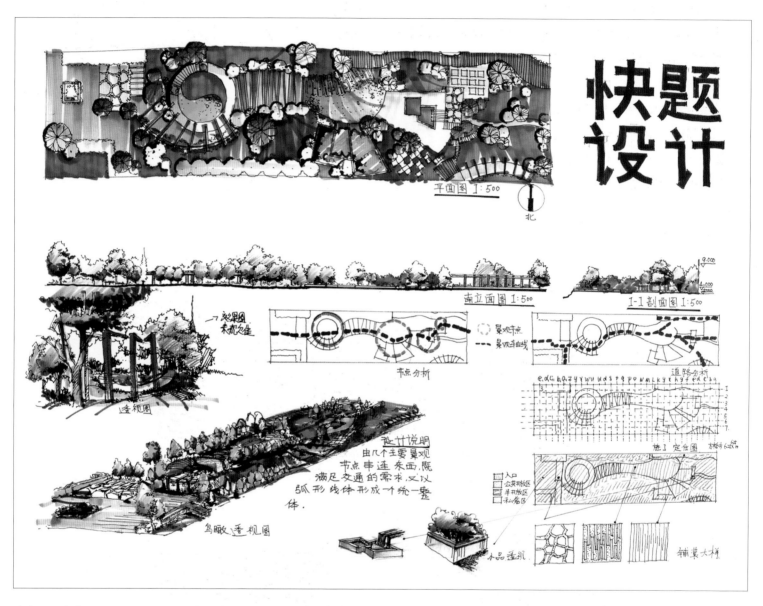

平面图 1:500

北

快题设计

设计说明
由几个主要景观节点串连来而,既
满足交通的需求,又以弧形线体形成一个统一整体.

作者:徐荣荣
优点:空间布局富于变化,绿地与硬质比例适当,空间节点主次分明,场地分析细致,细节处理到位。
缺点:没有充分结合城市河道进行造景,效果图表现欠佳。

13.小块绿地设计

华北地区某城市，一块夹在两小区间绿地的园林设计。

如图所示，场地大约长130米，宽60米。

场地西侧为城市主干道，东侧为原有场地入口，北侧与南侧均有小区与场地相邻；小区一层均为底商，如箭头所示均为底商的出入口。

场地地形变化自然，图中等高线高差？米。

（原图纸1：500比例）

要求：A3图纸数张（不准自带）。

平面图1：500，东西向剖面图1：500，效果图1张，分析图1：5000。

设计说明500字左右。

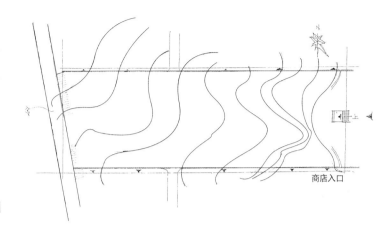

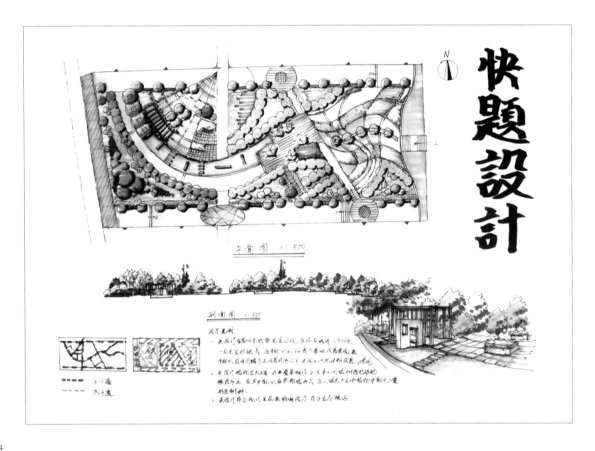

作者：崔洪珊

优点：较好地结合场地现状条件，充分利用场地高程变化进行景观的建设，硬质铺装与绿地景观相融合。

缺点：细部分割略显琐碎凌乱。

14.休闲绿地

某校园景点拟补充完善以供学生休憩之用，其周围环境条件如图所示。场地为直角三角形，两边长度分别为30m和20m。场地中现已有一三角形平顶亭和一些乔灌木，具体内容见测绘草图（附图1）。景点中拟增设一块20～30m²硬质铺地以及进出景点的道路，设计者也可以酌情增设小水景和景墙等内容。请按照所给条件以及设计和图纸要求完成该景点设计。

（1）设计要求

①图面表达正确、清楚，符合设计制图要求。

②各种园林要素或素材表现恰当。

③考虑园林功能与环境要求，做到功能合理。

④种植设计应尽量利用现有植物，不宜做大的调整。

（2）设计内容及图纸要求

①景点平面，比例1∶100。

②立面与剖面各1张，立面比例1∶100，剖面比例1∶50。

③透视或鸟瞰1张。

④不少于200字的简要文字说明。

⑤表现手法不拘。

⑥图纸为A2。

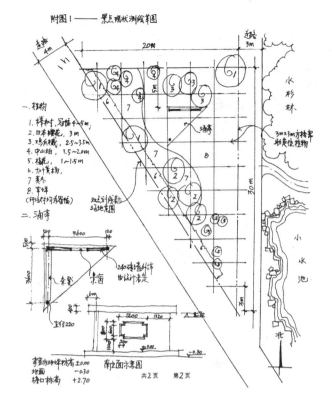

附图1

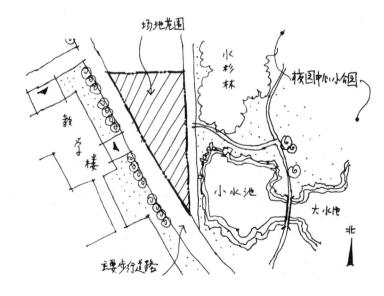

场地周边现状

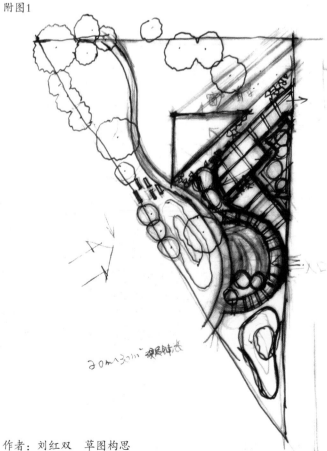

作者：刘红双　草图构思

作者：刘红双　平面图　　　　　　　　　　作者：刘红双　节点效果图

作者：刘红双
剖面图、立面图

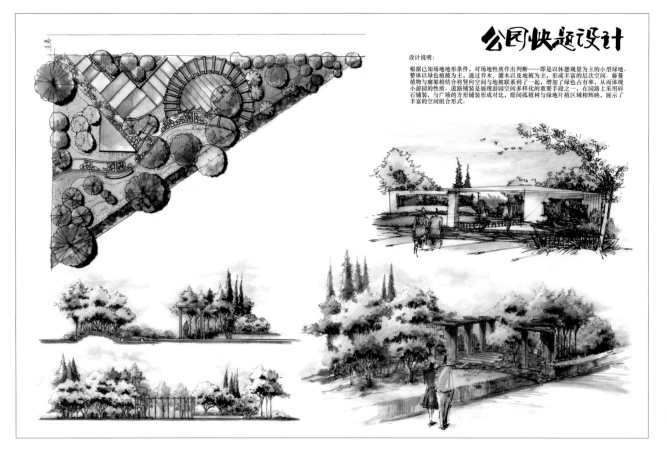

公园快题设计

设计说明：

根据已知场地地形条件，对场地性质作出判断——即是以休憩观景为主的小型绿地。整体以绿色植被为主，通过乔木、灌木以及地被为主，形成丰富的层次空间。藤蔓植物与廊架相结合将竖向空间与地被联系到了一起，增加了绿色占有率，从而体现小游园的性质。道路铺装是展现游园空间多样化的重要手段之一，在园路上采用碎石铺装，与广场的方形铺装形成对比，庭间孤植树与绿地片植区域相辉映，展示了丰富的空间组合形式。

作者：刘红双
完整排版

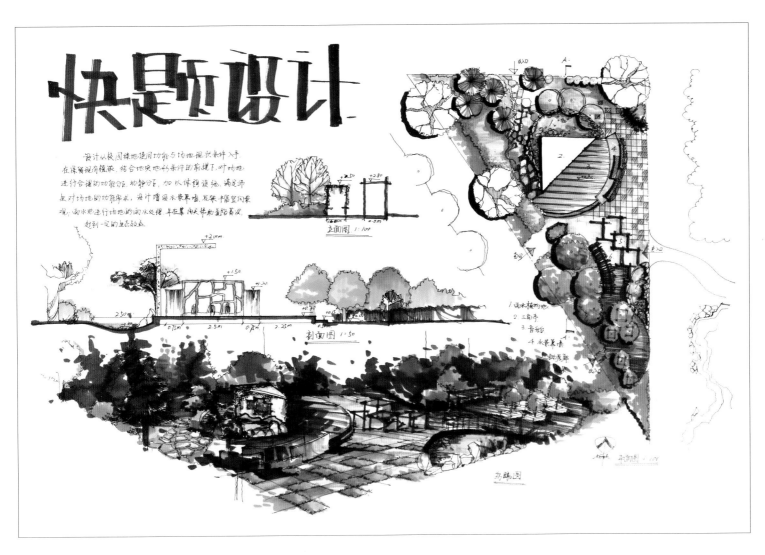

作者：王琦

15.休息空地设计

某学校教学楼之间的一块空地（约24m×29m=696m²），拟改造以后供学生课间休息之用，同时也希望通过树木分隔以减少教室之间的相互影响。根据所提供的资料完成以下设计内容：

（1）设计要求

①布置庭园道路与铺地，解决好室内外高差。

②为学生休息、交谈、读书提供必要的空间与设施。

③如需要，可以增设景点。

④做好种植设计，注意所选植物种类的习性和形体，应与庭园小气候条件和空间大小相适应。

（2）图纸内容

①平面。

②庭园立面或剖面（2张）。

③种植设计平面。

④庭园鸟瞰图（1张）或透视图（人视位置，2张）。

（3）作图与图纸要求

①平面比例自定，应能合适、清楚地表达设计内容。

②工具或徒手作图均可，但作图应规范，符合制图标准的要求；图中线条等级应清晰，各种园林要素及材料表达应恰当。

③设计内容的图面表现手法不拘。

④图纸A2大小，张数自定，但应合理安排图面，忌过分拥挤或过空；除了透明的拷贝纸与描图纸外，其他纸张均可使用。

图纸部分，请认真阅读。

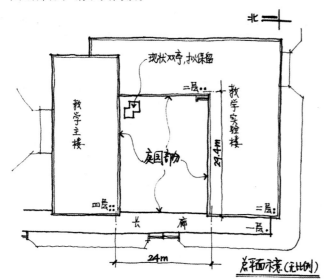

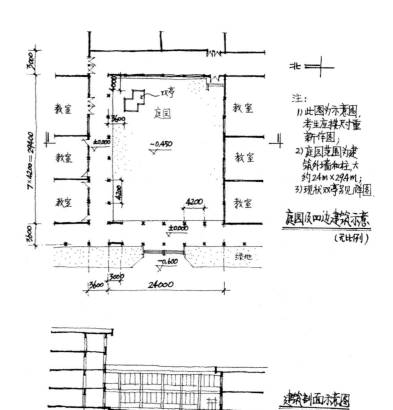

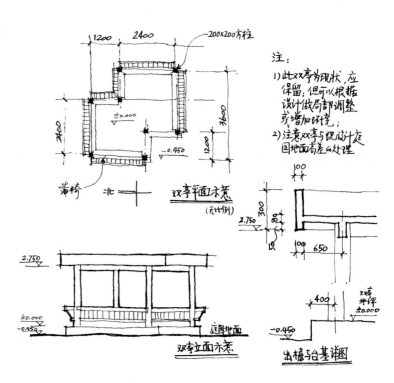

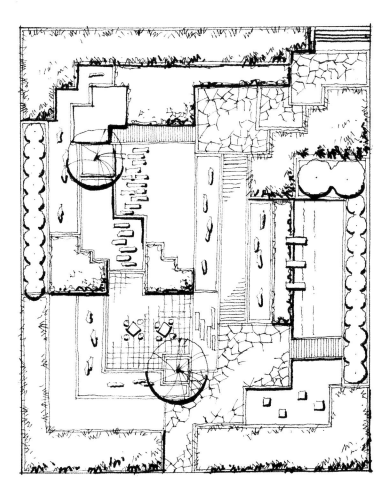

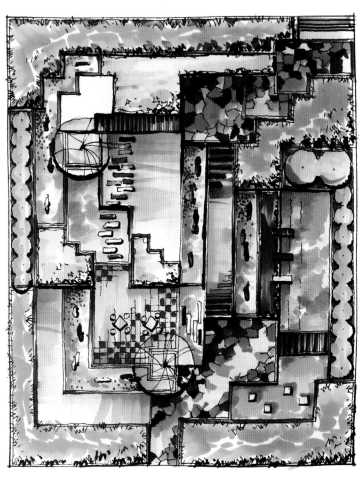

作者：高阳

优点：中庭设计空间形式多变，风格统一，符合题目要求，空间开合适度。

缺点：水景占地面积过大，应留出较多空间供师生课余活动。

第三节 答题参考模板

1.公园

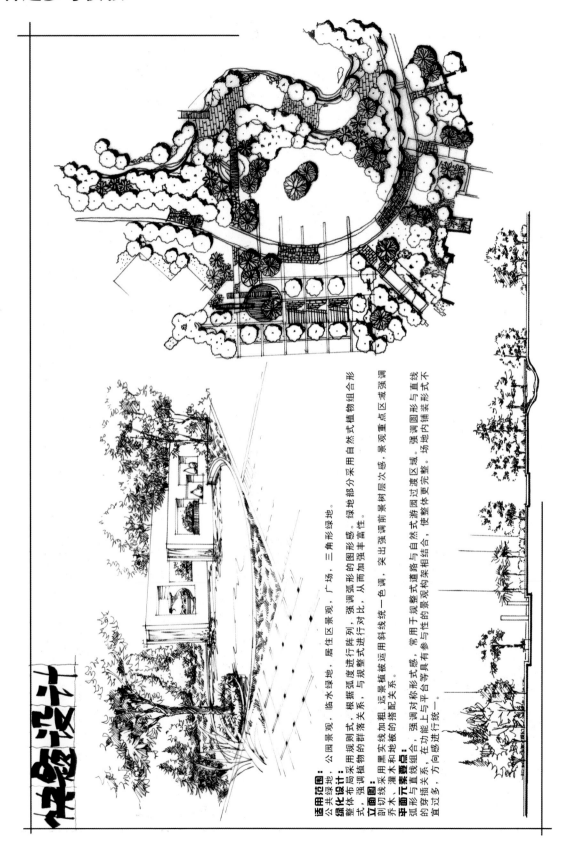

适用范围： 公共绿地、临水绿地、居住区景观、广场、三角形绿地。

绿化设计： 整体布局采用规则式，根据弧度进行阵列，与规整式进行对比，强调弧形的图形质感。绿地部分采用自然式植物组合形式，强调整体的群落关系，与周整式植板的搭配关系性。

立面图： 剖切线采用黑实线加粗，远景植板运用斜线统一色调，突出强调前景树层次感，景观重点区或强调乔木、灌木和地板的搭配关系。

平面元素要点： 强调以直线组合，强调对称形式感，常用于规整式游园过渡区域，强调圆形与直线弧形的穿插关系，在功能上与平台等有参与性的景观构架相结合，使整体景观形式更完整。场地内铺装形式直曲过多，方向感较统一。

适用范围：
公共绿地，公园景观，临水绿地，居住区景观，广场，三角形绿地。

绿化设计：
整体布局采用规则式，根据弧度进行群落式的群落植被的搭配关系。强调弧形的图形感，绿地部分采用自然式植物组合形式，强调景观前景树线被运用斜线统一色调。从而加强丰富性。

立面图：
剖切形线条加粗，实线加粗，强调对比，远景植被运用斜线统一色调，突出强调前景树层次感，景观重点区域强调乔木、灌木与直线关系，常用于规整自然式游路与自然式道路相结合，使整体的景观更完整。

平面要点：
切形线条组合，强调对称形式感，常用于规整式道路与自然式游路圆过渡区域。强调圆形与直线弧形与穿插平台上与功能上与平台等具有参考性的景观构架相结合，使场地内铺装形式不宜过多，方向感强，方向统一。

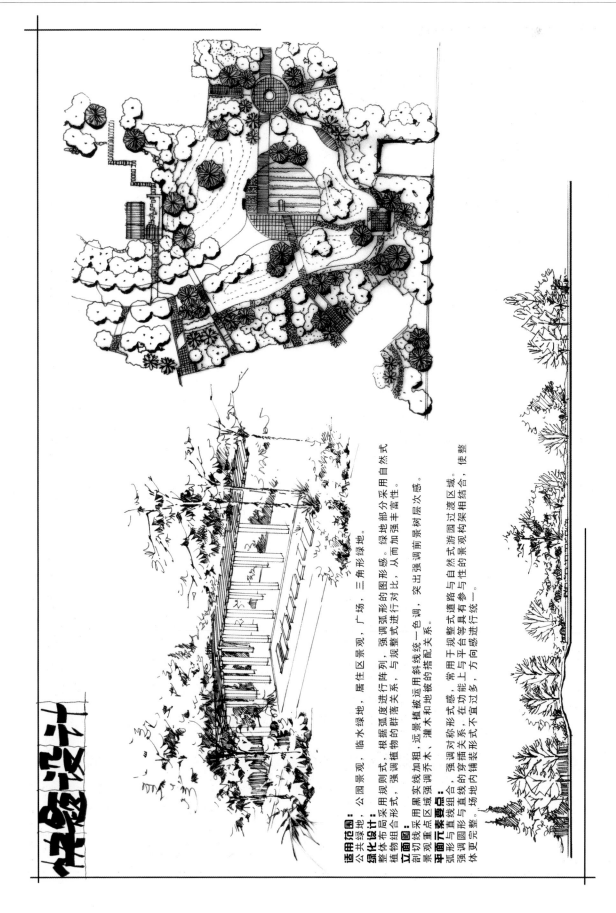

方案设计

适用范围：
公共绿地，公园景观，临水绿地，居住区景观，广场，三角形形绿地。

绿化设计：
整体布局采用规则式，根据进行阵列，强调弧形的图形感。绿地部分采用自然式植物组合形式，强调植物的群落关系，与规整式进行对比，从而加强丰富性。

立面图：
剖切线采用黑实线加粗，远景植被运用斜线统一色调，突出强调前景树层次感。景观重点区域采用实线重点突出。

平面元素要点：
弧形与直线组合，强调对称形式感，常用于规整式道路与自然式游园过渡区域，使整强调穿插直线等直线的景观装饰形式与平台等具有参与性的景观构架相结合，使整体更完整。场地内铺装形式不宜过多，方向感进行统一。

快题设计

适用范围：
公共绿地、公园景观、临水绿地、居住区景观、广场、三角形绿地。

绿化设计：
整体布局采用规则式，根据弧度进行排列，强调弧形的图形，绿地部分采用自然式植物的组合式，强调弧形植物的群落关系，与规整式进行对比，从而加强丰富性。

立面图：
剖切线采用黑实线加粗，远景植被运用斜线的搭配关系，强调乔木、灌木和地被的景树层次感，突出强调景前景树层次感。

平面元素与重点要点：
景观切线形区域组合，强调对称形式感，常用于规整式道路与自然式游园过渡区域，使整体更加完整。场地内铺装形式不宜过多，方向感进行统一。强调的穿插的关系，灌木上与平台上有参差等关系，在功能上与平台式相结合，使整强调圆形与直线与直线圆形进行统一。

2.广场

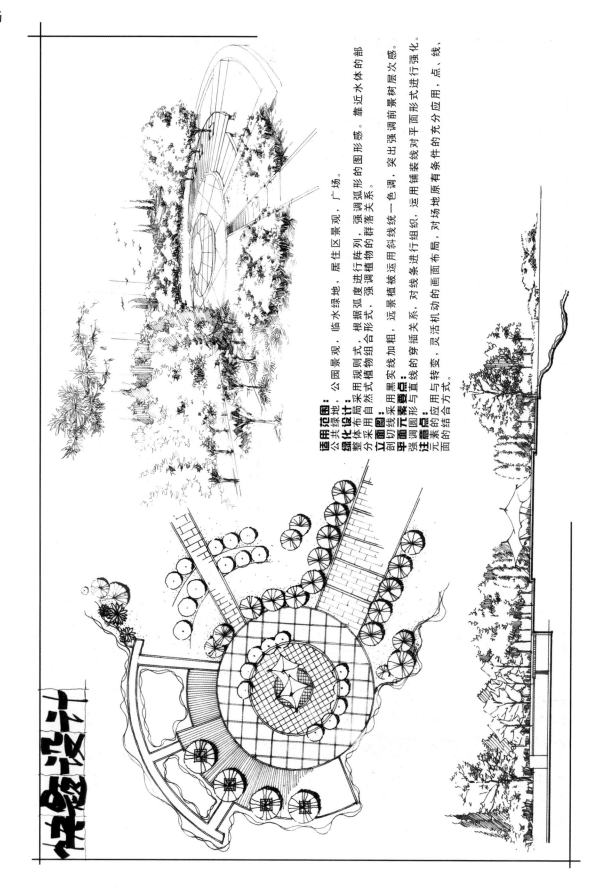

适用范围：
公共绿地，临水绿地，居住区景观，公园景观，广场。

绿化设计：
整化绿体采用规则式，根据弧度进行阵列，强调形合形式感。靠近水体的部分采用自然式植物组合，远景植物被运调的群落感。

立面图：
剖面图采用黑实线加粗，远景实线与直线被运调统一色调，突出强调前景树层次感。

平面元素要点：
强调圆形的穿插关系，对线条进行组织，运用铺装线对平面图形式进行强化。

注意点：
元素的应用与转变，灵活机动的画面布局，对场地原有条件的充分应用，点、线、面的结合方式。

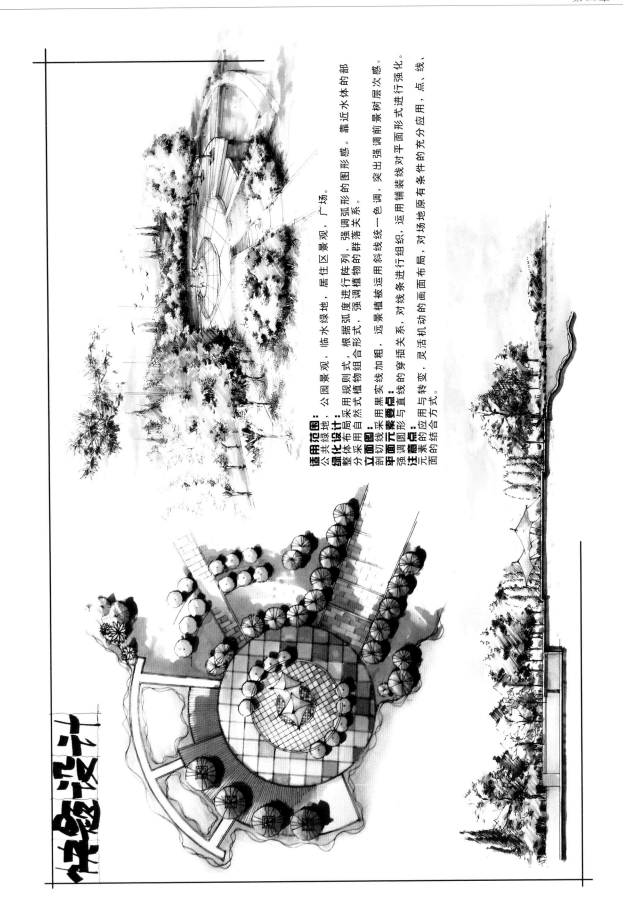

适用范围：
公共绿地，公园景观，临水绿地，居住区景观，广场。

绿化设计：
整体布局采用规则式，根据弧度进行阵列，强调弧形的图形感。靠近水体的部分采用自然式，强调植物组的群落关系。

立面图：
剖切面线采用实线加粗，远景植被运用统一色调，突出强调前景树层次感。

平面元素：
强调切线与直线的穿插关系，对线条进行组织，运用铺装线对平面形式进行强化。

注意点：
元素的应用与转变，灵活机动的画面布局，对场地原有条件的充分应用，点、线、面的结合方式。

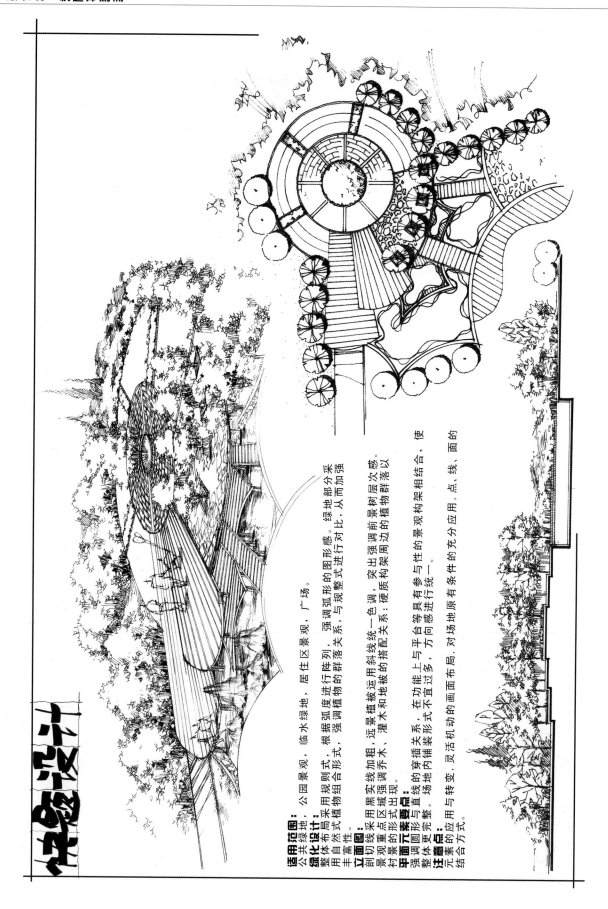

中级设计

适用范围： 公共绿地、公园景观、临水绿地、居住区景观、广场。

绿化设计：
整体布局采用规则式，根据弧度进行阵列的群落植物采用植物组合形感。绿地部分采用自然式，强调弧形的图形感。绿地部分采用自然式，强调弧形式整体进行对比，与规整式整体进行对比，从而加强丰富性。

立面图：
剖面切线加粗用黑实线重点区域式出现。景观村景点与整体形式的形式。远景植被运用斜线统一色调，突出强调前景树层次感。灌木和地被的搭配配式关系；硬质构架周边景观构架相结合，使景观构架周边的植物群落落以整体景观更完整。

平面元素要点：
强调直线的穿插关系，在功能上与平台等具有参与性的景观构架相结合，使整体景观更完整。

注意要点：
无素元的应用与转变，灵活机动的画面布局，对场地原有条件的充分应用，点、线、面的结合方式。

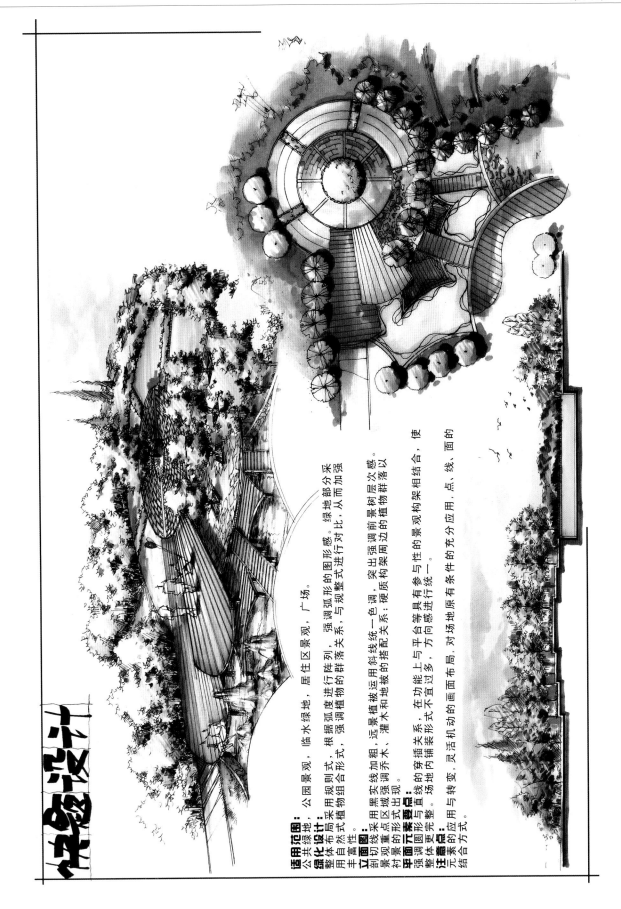

快题设计

适用范围： 公共绿地，公园景观，临水绿地，居住区景观，广场。

绿化设计： 整体采用布局式，根据弧度进行形式组合形成自然性。用规则式布局采用植物组合的图形感。强调弧形的群落布局，强调植物的群落布置，与规整式整体进行对比。绿地部分采用丰富性。

立面图： 剖切线采用黑实线加粗，远景植被运用斜线统一色调，突出强调前景树层次感。景观村重点的形式出现。强调强区域以灌木和地被的形式以景观树景植落以。

平面要素： 强调直线与圆形式的穿插关系，在功能上与平台等具有参与性的景观构架相结合，使整体景观形式更完整。场地内铺装形式不宜过多，方向感与硬质构架周边的植物群落以点、线、面的结合方式。

注意点： 注重整体元素的应用与转变，灵活活机动的画面布局，对场地原有条件的充分应用，点、线、面的结合方式。

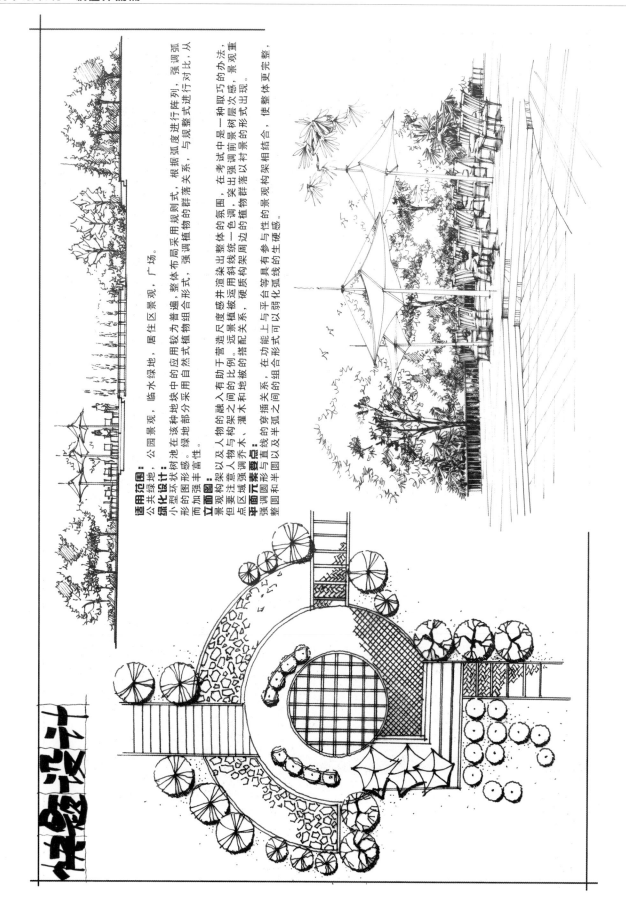

适用范围：
公共绿地，公园景观，临水绿地，居住区景观，广场。

绿化设计：
小型环状种植池在该种地块中的应用较为普遍采用整体布局用规则式，根据弧度进行阵列，强调弧形的图形应用。绿地部分采用自然式植物组合形式，强调植物群落关系，与规整式进行对比，从而加强景观层次感，使整体景观更完整。

立面图：
景观构架以及人物的融入有助于营造尺度渲染出整体的氛围，在考试中是一种取巧的办法，远景树木、灌木与植被运用斜线被运用斜线景植被运用以树构架相结合，硬质构架周边的植物群落与的景观构架相结合，突出强调前景以衬景树层次感，景观重点出现。

平面元素要合：
强调圆形的穿插与直线关系；在功能上与平台等具有参与性的组合形式可以弱化弧线的生硬感。强调圆和半圆以及半弧之间的组合形式，整圆圆形和半圆以及半弧之间的组合形式的生硬感。

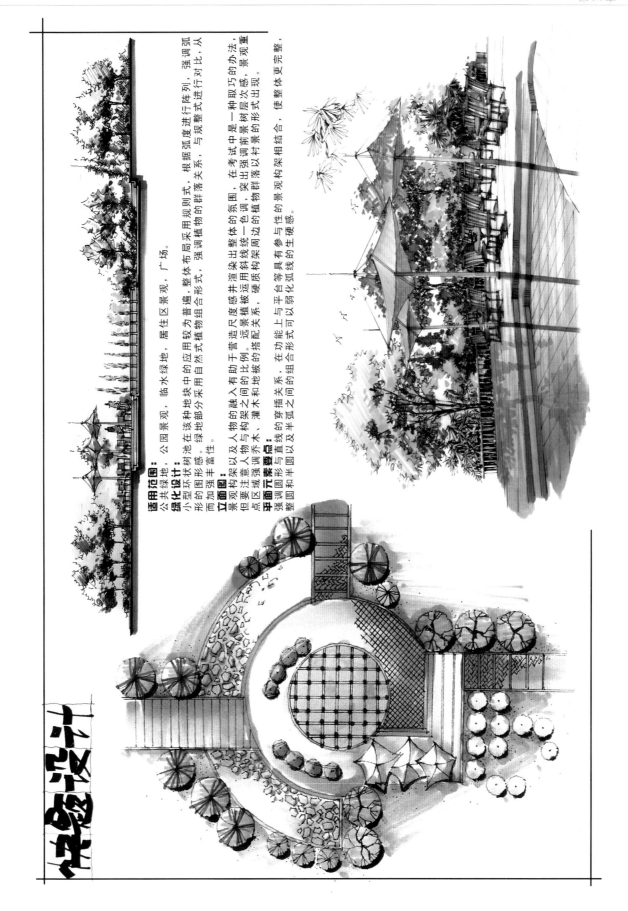

适用范围：
公共绿地，公园景观，临水绿地，居住区景观，广场。

绿化设计：
小型环状树池在该种地块中的应用为较为普遍，整体布局采用规则式，根据弧度进行阵列，强调弧形的图形感。绿地部分采用自然式植物组合形式，强调植物的群落关系，与规整式植物群落进行对比，从而加强景观感。

立面图：
景观构架以及人物的融入有助于营造尺度感并渲染出整体的氛围，在考试中是一种取巧的办法，突出强调前景树层次感，景观重点区域注意人物与构架之间的比例。远景植被运用斜线构架植以衬景以外景的植物。

平面元素要点：
强调圆形和半圆以及半弧之间的组合形式可弱化弧线与直线的搭配关系。灌木和地被在功能上与平台等具有硬质景观构架相结合，使整体更完整，以直线以及半圆的组合形式可以弱化弧线的生硬感。

园林景观手绘表现·**快题冲刺篇**

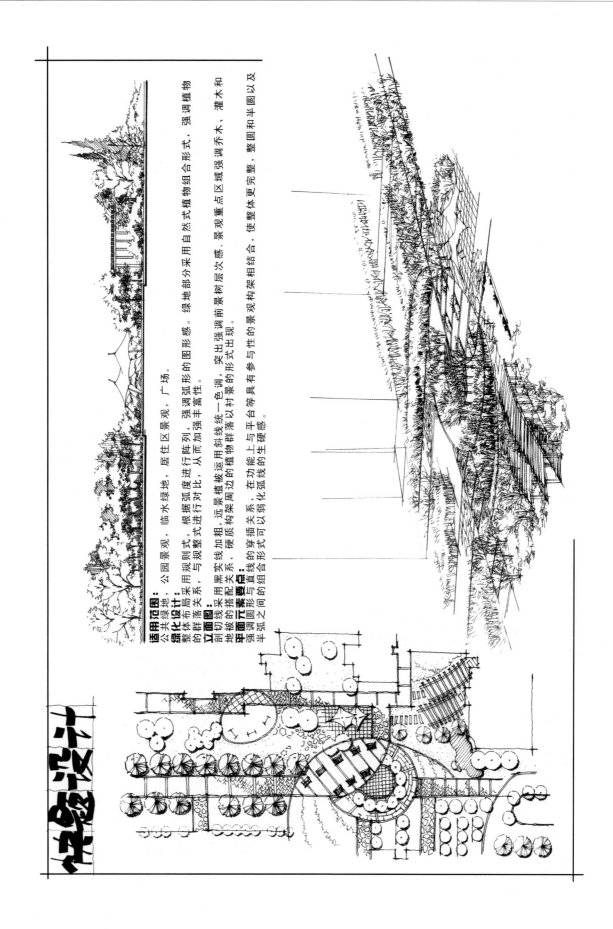

适用范围：
公共绿地、公园景观、临水绿地、居住区景观、广场。

绿化设计：
整体布局采用规则式，根据弧度进行阵列，强调弧形的图形形感。绿地部分采用自然式植物组合形式，强调植物的群落感，与规整式整体关系，从而加强丰富性。

立面图：
剖切线采用黑实线加粗，远景植被运用斜线统一色调，突出强调前景树层次感。景观重点区域强调乔木、灌木和地被的搭配关系，硬质构架配以村落以衬景的形式出现。

平面元素：
强调圆形与直线的组合形式可以弱化弧线线的形式式。强调圆形之间的穿插关系，在功能上与平台等具有参与性的景观构架相结合，使整体更完整。整圆和半圆以及半圆式可以弱化弧线线的生硬感。

快题设计

100

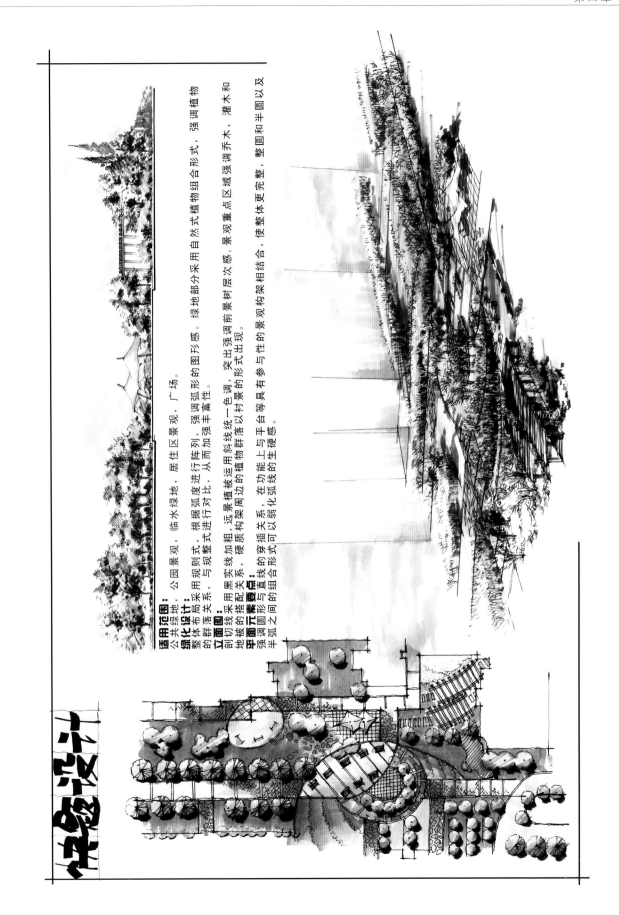

适用范围：
公共绿地、公园景观、临水绿地、居住区景观、广场。

绿化设计：
整体采用规则式，根据弧度进行阵列，与规整式整体关系，从而加强丰富性。

立面图：
剖切线采用黑实线加粗，远景植被运用斜线排列，突出强调前景树层次感，景观重点区域强调乔木、灌木和地被的群落感，硬质搭配配关系，硬质构架周边的植物群落以衬托景的形式的形式出现。

平面图：
强调元素圆形与直线的穿插关系，在功能上与平台等家具有参与性的景观构架相结合，使整体更完整，整圆和半圆以及半圆弧式可以弱化弧线的生硬感。

绿地部分采用自然式植物组合形式，强调植物的图形感。强调弧形对比，强调重点区域强调乔木、灌木和

3.绿地

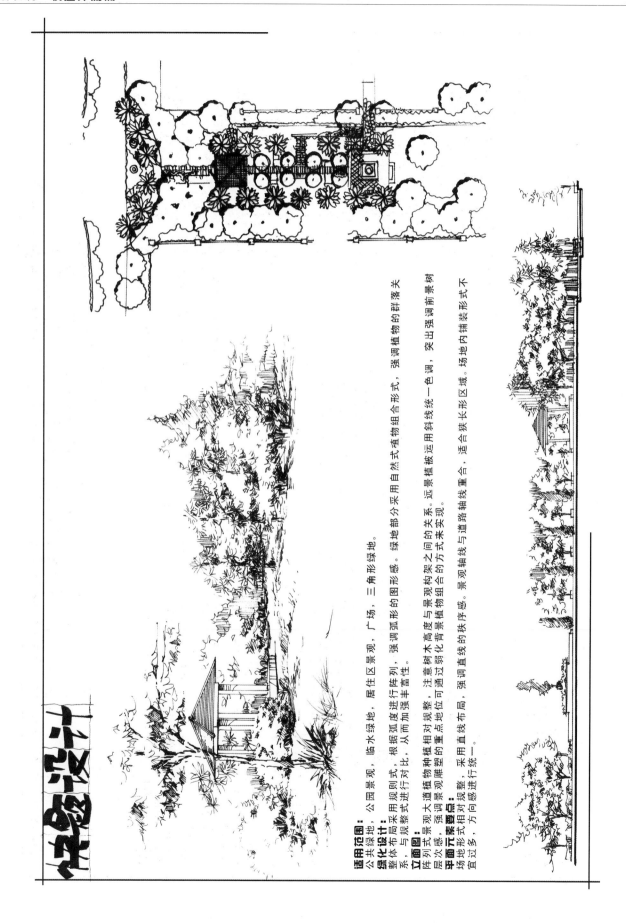

适用范围：
公共绿地，公园景观，临水绿地，居住区景观，广场，三角形绿地。

绿化设计：
整体布局与规划式采用规则式，根据弧度进行阵列，从而加强丰富性。

立面：
阵列式大道景观植物种植相对规整，注意树木高度与景观构架之间的关系。远景植被运用斜线统一色调，突出强调前景树层次感。强调景观雕塑的重点位置可通过弱化背景直线的秩序感。景观轴线与道路轴线重合，适合狭长形区域。场地内铺装形式不整齐。

平面要点：
阵列式地形丰富，采用直线布局，强调直线的秩序感。景观轴线与道路轴线重合。绿地部分用采用自然式植物组合形式，强调植物的群落关系。

平面元素形地形多，强调植物组合的图形感。场地内铺装形式不直过多，方向感进行统一。

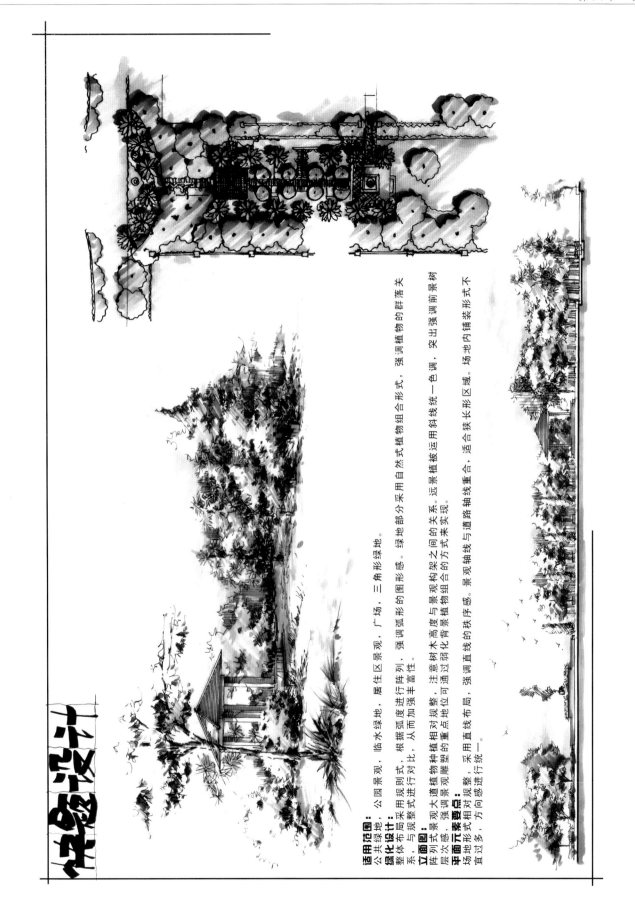

快题设计

适用范围：
公共绿地，公园景观，临水绿地，居住区景观，广场，三角形绿地。

绿化设计：
整体布局采用整形式，根据弧度进行对比，从而加强丰富性。

立面设计：
阵列式景观大道植物种植相对规整，注意树木高度与景观构架之间的关系。远景植被运用斜线线合，强调植物的群落关系。层次感、强调的重点地位可通过弱化背景植物组合的方式来实现。

平面元素要点：
场地地形式相对规整，采用直线布局，强调直线形态。景观轴线与道路轴线重合，适合狭长形区域。场地内铺装形式不宜过多，方向感进行统一。

刘红丹

国家中级景观设计师

沈阳易品创想艺术设计有限公司高级设计师

易品手绘高级讲师

易品手绘各部教学督导

南京绘易品艺术设计工作室艺术总监

出版著作《园林景观手绘表现．基础篇》

作品入编《室内设计手绘快速表现》、《景观设计手绘快速表

现》、《手绘景观设计快速表现创作》等